IMPRIMERIE ET LIBRAIRIE DE FIRMIN DIDOT FRÈRES, RUE JACOB, Nº 24.

VOYAGE

Pittoresque et Historique

AU BRÉSIL,

DEPUIS 1816 JUSQU'EN 1831;

OU

SÉJOUR D'UN ARTISTE FRANÇAIS

Au Brésil,

PENDANT LES QUINZE PREMIÈRES ANNÉES DE LA RÉGÉNÉRATION POLITIQUE DE CE TERRITOIRE,

ÉPOQUES

De l'Avénement et de l'Abdication de S. M. D. Pedro Ier,

FONDATEUR DE L'EMPIRE BRÉSILIEN.

Par J.-B. DEBRET,

PREMIER PEINTRE ET PROFESSEUR DE L'ACADÉMIE IMPÉRIALE BRÉSILIENNE DES BEAUX-ARTS DE RIO DE JANEIRO,
PEINTRE PARTICULIER DE LA MAISON IMPÉRIALE, MEMBRE CORRESPONDANT DE L'INSTITUT DE FRANCE,
ET CHEVALIER DE L'ORDRE DU CHRIST.

3 VOLUMES IN-FOLIO.

Prospectus.

RIEN de nouveau depuis près de dix ans n'a paru sur le Brésil, comme si cette riche contrée eût été épuisée par l'observateur! Mais ce laps de temps, qui semblait perdu pour les sciences et les arts, préparait un utile et salutaire aliment à la curiosité publique.

(2)

Un artiste français, membre de la colonie fondatrice de l'Institut de Rio de Janeiro, parti de France en 1816 sous la direction de M. Le Breton, et rentré dans sa patrie seulement en 1832, a consacré ce séjour de seize années dans l'empire brésilien à la collection la plus complète de documents sur la situation physique et morale de ce pays, qui fut salué d'abord du beau nom de *France antarctique*. Tour à tour naturaliste et historien, statisticien et moraliste, mais peintre toujours, et peintre fidèle, il a tracé un immense tableau où nous assistons à chaque pas de la civilisation de l'homme sauvage au milieu des forêts vierges du Brésil : nous la voyons, recrutant des alliés parmi ses ennemis séculaires, ramener avec elle d'immenses peuplades d'hommes primitifs, qui bientôt se jettent, avec une ardeur toute sauvage encore, dans l'avenir de l'homme civilisé. Puis, avec ces hommes d'un aspect déja si curieux, leurs habitudes et leurs préjugés, au milieu de ce dédale d'une végétation exubérante dont l'auteur analyse les produits, il étudie la propriété des plantes qui y croissent, l'humble curatif herbacé, comme le gigantesque *sapoucaïa*, demeure des plus hideux reptiles, et des oiseaux les plus séduisants.

Pour nous reposer ensuite de cet éblouissant voyage, l'auteur nous ramène vers la ville, observer l'industrie et l'agriculture, l'administration et l'armée, la justice et la religion avec ses cérémonies parfois si singulières : il veut que nous voyions l'homme civilisé comme nous avons vu l'homme sauvage, depuis le mendiant de la place publique jusqu'au seigneur doré de la cour impériale. Et, comme si ce n'était pas assez pour le succès de son ouvrage, le peintre, devenu historien et publiciste, nous fait assister à l'arrivée à Rio de Janeiro de la cour de Portugal, refoulée par la cour, alors européenne, de l'empire français.

Témoin de l'élévation de la colonie brésilienne au rang de royaume d'abord, et ensuite d'empire, il nous conduit aux fêtes qui ont solennisé ces importants événements ; il nous fait voir chacun des hommes qui les ont préparés, et, avec leur portrait, leur existence privée et politique, si curieuse surtout depuis la révolution brésilienne de 1831. Ils y sont tous, depuis Jean VI, ce fils si bon, prince claustral, pieux jusqu'au mysticisme, qui devait avoir pour épouse Charlotte d'Espagne, et D. Miguel pour fils ; tous, jusqu'à cet évêque constitutionnel, indestituable président du sénat, prélat philosophe, fondateur de plusieurs villes.

Vaste dans son ensemble et complet dans ses détails, cet ouvrage offre au botaniste des excursions sur le terrain si fructueusement parcouru par MM. *Langsdorff* et *A. de St-Hilaire ;* au publiciste, un indispensable complément à l'ouvrage de M. *Warden ;* à la zoologie, quelques richesses absentes lu trésor du prince de *Neuwied;* et à l'histoire, les matériaux les plus précieux d'un ouvrage fidèle! car il a été donné à bien peu d'assister aux révolutions d'abord diplomatiques qui fondèrent un empire, puis à cette révolution armée qui fit un empereur de cinq ans, exila en Europe son prédécesseur et son père, pour y reconquérir à son tour le trône de sa fille exilée comme lui. Singulier caprice de la destinée, qui fait ôter et donner une couronne par cet homme qui n'a pu conserver la sienne!

Tel est en peu de mots l'ouvrage que M. J.-B. DEBRET offre au public. Il se divise en trois parties, formant chacune un volume séparé.

Le premier volume sera spécialement consacré à la population brésilienne encore sauvage, et aux forêts vierges.

Le deuxième comprendra l'industrie en général.

Le troisième réunira les détails relatifs à l'instruction publique, au culte religieux, et aux événements politiques, ainsi qu'aux cérémonies et fêtes célébrées à cette occasion dans la capitale; les portraits des principaux personnages qui y ont figuré; enfin l'état des beaux-arts à Rio de Janeiro.

CONDITIONS DE LA SOUSCRIPTION.

Chaque livraison, format in-folio, sera composée de six planches et d'un texte explicatif : il en paraîtra une tous les quinze jours, à partir du 15 décembre 1833.

Le prix de la livraison est fixé à *huit francs.*

Les FORÊTS VIERGES forment deux livraisons qui se vendront séparément.

ON SOUSCRIT A PARIS,

CHEZ FIRMIN DIDOT FRÈRES, LIBRAIRES,

RUE JACOB, N° 24;

ET CHEZ LES PRINCIPAUX LIBRAIRES DE FRANCE ET DE L'ÉTRANGER.

J. B. DEBRET.

Premier Peintre et Professeur de la classe de peinture d'histoire de l'Académie Impériale
des Beaux Arts de Rio de Janeiro. Et Peintre particulier de S.M. l'Empereur du Brésil.
Membre Correspondant de la classe des Beaux arts de l'Institut royal de France,
et Chevalier de l'ordre du Christ.

VOYAGE

PITTORESQUE ET HISTORIQUE

AU BRÉSIL,

OU

Séjour d'un Artiste Français au Brésil,

DEPUIS 1816 JUSQU'EN 1831 INCLUSIVEMENT,

Époques de l'Avènement et de l'Abdication de S. M. D. Pedro 1er,
Fondateur de l'Empire brésilien.

Dédié à l'Académie des Beaux-Arts de l'Institut de France,

PAR J. B. DEBRET,

PREMIER PEINTRE ET PROFESSEUR DE L'ACADÉMIE IMPÉRIALE BRÉSILIENNE DES BEAUX-ARTS DE RIO-JANEIRO, PEINTRE
PARTICULIER DE LA MAISON IMPÉRIALE, MEMBRE CORRESPONDANT DE LA CLASSE DES BEAUX-ARTS DE L'INSTITUT
DE FRANCE, ET CHEVALIER DE L'ORDRE DU CHRIST.

TOME PREMIER.

PARIS,

FIRMIN DIDOT FRÈRES, IMPRIMEURS DE L'INSTITUT DE FRANCE,

LIBRAIRES, RUE JACOB, N° 24.

M DCCC XXXIV.

A MM. les Membres de l'Académie des Beaux-Arts

de l'Institut de France.

Messieurs,

J'ose aujourd'hui, profitant du titre honorable de votre Correspondant à Rio-Janeiro, vous offrir, en vous le dédiant, cet Ouvrage historique et pittoresque, dans lequel je rappelle avant tout, au monde savant, que l'Empire du Brésil doit à l'Institut de France son Académie des Beaux-Arts de Rio-Janeiro. Rien de plus juste que cet hommage : c'est au Bienfaiteur qu'appartient le premier fruit du Bienfait.

Vous n'avez pas oublié, Messieurs, que, frappé du succès de l'Académie de Mexico, M. de Marialva, Ambassadeur portugais à Paris, puisa, dans une des persuasives conversations de M. de Humboldt, le désir de former à son tour une Académie Brésilienne; vous vous rappelez aussi qu'en 1815 M. Le Breton, son ami, à cette époque Secrétaire-perpétuel de votre Classe, confident de son projet, eut le courage de le réaliser, de concert avec M. Taunay, son Collègue à l'Institut, qui se dévoua à cette Expédition, dont je fis partie en qualité de Peintre d'Histoire.

Historien fidèle, j'ai réuni dans cet Ouvrage sur le Brésil les documents relatifs aux résultats de cette Expédition pittoresque, toute française, dont j'ai suivi les progrès pas à pas; et vous daignerez l'accueillir, je l'espère, comme un monument élevé à votre gloire et à votre générosité, qui, répandant les Beaux-Arts dans l'autre hémisphère, se plaît ainsi à s'y créer des rivaux.

Votre très-dévoué Correspondant,

J. Bt. Debret.

RAPPORT

FAIT

A L'ACADÉMIE DES BEAUX-ARTS,

SUR UN OUVRAGE

INTITULÉ

VOYAGE PITTORESQUE ET HISTORIQUE AU BRÉSIL,

DEPUIS 1816 JUSQU'A 1831,

PAR

J. B. DEBRET.

Lu à la séance du samedi 17 août 1839.

Messieurs,

Cet important ouvrage, sur lequel l'Académie nous a chargés de lui faire un rapport, et dont nous allons lui rendre compte, se divise en trois parties distinctes, qui forment autant de volumes de format in-folio. Le texte, riche en documents précieux sur la situation physique et morale du Brésil, est accompagné d'une grande quantité de planches lithographiées par l'auteur lui-même, et destinées à reproduire la physionomie de cette riche contrée.

Le premier volume est spécialement consacré à tout ce qui concerne les usages et les mœurs des populations sauvages du Brésil, ainsi qu'à donner une idée de l'aspect si curieux des vastes forêts vierges qu'il contient.

Dans le deuxième volume on trouve ce qui est relatif à l'industrie en général.

Enfin le troisième volume réunit tout ce qui a rapport à l'instruction publique, au culte religieux, aux événements politiques, aux principaux personnages qui ont été les acteurs aux cérémonies et fêtes célébrées en diverses circonstances à Rio-Janeiro, et à l'état des beaux-arts dans cette capitale du nouvel empire.

C'est ainsi que M. Debret nous fait passer par degrés de l'état de nature à l'état de civilisation auquel ce pays est successivement parvenu.

Chaque volume est précédé d'une introduction. Celle qui est placée en tête du premier volume offre à elle seule un exposé plein d'intérêt.

M. Debret, après avoir exposé succinctement les motifs qui l'ont déterminé à s'associer à la petite colonie d'artistes français qui était appelée au Brésil, après avoir fait connaître la noble tâche qu'elle se proposait et qu'elle est parvenue à accomplir, nous instruit des favorables circonstances qui l'ont mis à même de recueillir l'ample collection de dessins et de notes qui a servi de base à son travail. Il y montre ensuite le Brésil à son enfance, c'est-à-dire, encore enveloppé des langes de la barbarie et d'une ignorance superstitieuse ; c'est un portrait fidèle de ce qu'était ce pays à l'époque de sa découverte par les Portugais, au commencement du seizième siècle.

A ce tableau si intéressant il a joint une carte pour aider à l'intelligence des positions géographiques.

On pourrait être disposé à croire que cette partie de l'ouvrage de M. Debret est indifférente pour les arts ; mais, au contraire, elle offre quelque chose de si caractéristique, de si grand, et en même temps de si singulier, qu'elle enrichit leur domaine d'une infinité de connaissances nouvelles qui ne peuvent que leur être d'un grand avantage. Comme c'est principalement sous ce rapport que nous avons dû nous livrer à l'examen de l'ouvrage de notre confrère, c'est aussi de ce qu'il contient de relatif aux arts que nous nous occuperons particulièrement, laissant aux personnes compétentes le soin de payer leur tribut d'éloges à ce qui concerne les sciences naturelles, et à ce qui se rattache aux grands événements qui depuis peu d'années ont tour à tour changé les formes du gouvernement de cet empire, et son administration, pour y faire pénétrer les germes d'une heureuse civilisation.

Dans ce premier volume, M. Debret, ainsi que nous l'avons dit plus haut, s'occupe exclusivement des différentes castes de sauvages, de leurs mœurs, de leurs usages ; il décrit la forme de leurs armes offensives et défensives, de leurs costumes, de leurs habitations, celle de leurs masques, de leurs tatouages et de leurs mutilations volontaires. Il donne les portraits d'individus de ces diverses castes avec ou sans leurs coiffures. Il nous représente les bijoux, les essais informes de leurs inscriptions ou de leurs sculptures, les végétaux, les sceptres et vêtements des chefs, les instruments de musique, les poteries, la vannerie, en un mot tout ce qui peut initier à la connaissance du caractère physique et moral de ces indigènes. Il finit par ce qui est relatif aux immenses forêts vierges du Brésil.

Voici comment s'exprime l'auteur lui-même sur cette partie de son travail :

« Ce souvenir (dit-il), c'est une collection de dessins spécialement consacrée à la végé-
« tation et au caractère des forêts vierges du Brésil, que j'offre aux peintres de paysage
« et d'histoire qui, cherchant un choix de sujets neufs pour l'Europe, puiseraient dans
« les poëmes portugais et brésiliens des faits historiques du nouveau monde décrits avec
« autant de verve que de vérité.

« Cette collection, par son étendue et sa variété, prouvera du moins à mes compa-
« triotes, qu'au milieu des nombreuses occupations qui m'étaient imposées à Rio-Janeiro,
« j'avais toujours présent à la pensée, le désir de leur être utile à mon retour en France. »

M. Debret ne s'est pas trompé, et son premier volume est un hommage digne d'être offert aux arts et à l'Académie.

En effet, qui pourrait n'être pas ému au splendide et imposant spectacle de cet océan de végétation ! quelle poésie anime ces forêts vierges du *Parahiba !* ces immenses solitudes si vivantes cependant, et dont le silence n'est interrompu que par le cri lointain et rare de quelque animal !

Si, à l'époque décrite par M. Debret, la crainte des reptiles ou des bêtes féroces tenait incessamment éveillée la prudence du voyageur, la rencontre de l'homme n'était pas moins redoutable dans ces vastes domaines où la force régnait seule. Il en était roi tant que ses armes ne lui faisaient pas défaut, et n'avait d'autre alternative que la victoire ou la mort, mort terrible, tombe plus effroyable encore, puisque c'était dans les entrailles du vainqueur que souvent il devait la trouver ! Malheur, donc, à l'Européen égaré dans ces inextricables labyrinthes ! car à la cruauté que commandait la prudence des indigènes, se joignait le souvenir des exterminations dont leurs pères furent victimes, et que plusieurs siècles n'ont point encore effacées de la mémoire de l'Indien.

Si, dans cette curieuse contrée, il y a sujet aux observations les plus intéressantes pour le voyageur philosophe, il y a aussi pour les arts une mine féconde où le peintre et le poëte peuvent puiser plus d'une inspiration.

De quelle émotion le peintre ne doit-il pas être saisi à l'aspect de ces *Camacans-Mogoyos* dont la beauté fière et puissante fait retrouver dans les hommes et les femmes de cette nation, un caractère de formes michel-angesques! Quel brillant appareil de guerre revêt ce chef de *Coroados* conduisant au combat ses compagnons! on admire son héroïque hardiesse qui le met en évidence sur le lieu le plus élevé, d'où il donne ses ordres et excite l'ardeur de ses guerriers en sonnant d'une sorte de trompette qu'il ne quitte que pour saisir ses armes que tient près de lui sa femme, et s'élancer dans la mêlée pour décider le triomphe des siens.

Au milieu des ténèbres d'une nuit sans lune, le chef des *Bororenos*, suivi des plus hardis de sa horde, surprend un camp ennemi. Ils lancent à l'improviste sur les habitations, ces projectiles incendiaires composés de branches résineuses enveloppées de filaments de *tucum* ou d'*embir*. Les flammes livrent aussitôt au pillage et au massacre les vaincus.

Les *Charuas*, si habiles à dompter spontanément les chevaux sauvages, rappellent le caractère de beauté et de simplicité des anciens Étrusques.

Les *Gouaycourous*, déjà presque civilisés, rappellent d'une manière encore plus frappante par leurs costumes et leurs mœurs, l'antique simplicité des héros d'Homère. Le tatouage, cependant, il faut en convenir, donne à ces personnages un aspect bizarre et de barbarie qui répugne aussitôt.

Le sujet que nous avons abordé est tellement attachant, qu'au risque de fatiguer l'attention de l'Académie, nous ne pouvons résister au désir de lui présenter encore quelques détails sur la remarquable tactique des *Gouaycourous*.

Lorsqu'ils veulent attaquer un camp, ils lancent contre l'ennemi une troupe de chevaux sauvages à la suite desquels ils se précipitent, ayant soin, par une adresse particulière, de se dérober à la vue et de se mettre ainsi à l'abri du danger. Ils se penchent de telle sorte, que, tenant d'une main la crinière, et appuyés seulement du pied droit sur l'étrier, ils n'apparaissent et ne se relèvent pour le combat qu'au moment de frapper au milieu du désordre occasionné par le troupeau de chevaux sauvages.

Nous dirons aussi un mot des terribles *Botocoudos* qui, avec les *Buris* et les *Patachos*, sont les plus redoutés, tant par leur courage indompté que par leur inexorable férocité. Leur aspect est aussi hideux que formidable; car, sans doute, pour inspirer la terreur, ils ont soin de mutiler la lèvre inférieure de telle sorte, qu'elle laisse totalemet à découvert la partie de la mâchoire qu'elle cache ordinairement, et qu'ainsi, même en repos, ces sauvages ont l'air de grincer des dents avec fureur. Ils suspendent à leurs côtés, comme parure, les têtes de leurs ennemis qu'ils embaument et ornent avec une sorte de recherche, usage barbare qui offre quelque analogie avec la sauvage valeur des Arabes qui, eux aussi, font trophée de leurs ceintures de têtes.

Ce n'est pas seulement à la guerre que ces redoutables *Botocoudos* font preuve d'agilité, ils en montrent beaucoup aussi dans leurs fêtes, qui même ne sont pas dépourvues de gaieté; leurs mascarades offrent un mélange de grâce comique et de sauvagerie, comme leurs mœurs, un assemblage de barbarie et de civilisation. Ils respectent la vieillesse, honorent la mémoire des morts, regardent l'hospitalité comme inviolable, et possèdent des vertus guerrières dignes des temps héroïques.

Si nous bornons à ces tableaux l'analyse que nous avons cru pouvoir présenter du premier volume de l'ouvrage de M. Debret, ce n'est pas qu'il ne s'y rencontre beaucoup d'autres sujets d'observations non moins dignes d'intérêt; mais forcés que nous sommes de nous renfermer dans les bornes assignées à un rapport, et ayant encore à vous entretenir du contenu des autres volumes, nous croyons avoir suffisamment indiqué le parti que les arts peuvent tirer d'aussi curieux documents, auxquels on doit accorder toute confiance, persuadés que nous sommes de la véracité de l'auteur, dont les talents et l'honorable caractère nous sont depuis longtemps connus.

M. Debret, suivant la marche rationnelle de l'esprit humain, passe de l'état sauvage du Brésil à celui qui résulte du rapprochement des indigènes par l'imitation de l'industrie du colon, c'est-à-dire, qu'il suit l'instinct progressif de la civilisation dans cette partie du nouveau monde.

Tel est l'objet du second volume, ainsi que l'auteur l'a fait comprendre lui-même dans le discours d'introduction qui le précède. Il faudrait pouvoir transcrire en entier ce discours pour rendre sensible la justesse des observations de M. Debret; il faudrait le suivre dans le tableau qu'il présente de ce rapprochement, auquel préside d'abord la défiance, pour faire place, plus tard, à une secrète sympathie qui fait succomber *la bonhomie de l'indigène à la séduction de l'Européen*. Il peint avec les vives couleurs de l'indignation la trahison des Portugais altérés de la soif des richesses, et portant dans ce pays, pour se les procurer, le fer et la flamme qui détruisent pour ainsi dire en un instant plusieurs années de liaisons sociales, et reculent de plusieurs siècles une civilisation restée stationnaire au Brésil, jusqu'à l'arrivée de la cour de Portugal dans cette colonie.

C'est ainsi qu'il nous conduit insensiblement jusqu'en 1816, époque à laquelle et depuis laquelle, sous la garantie des lois, la fusion a commencé à s'opérer à l'avantage de ce grand empire transatlantique qui, grâce au séjour de nos compatriotes, a tellement apprécié le bienfait de l'influence française, que déjà il possède une académie des beaux-arts, une société d'encouragement pour l'industrie nationale, un institut historique, et d'autres établissements créés dans l'intérêt de la propagation des connaissances humaines.

M. Debret présente le Brésilien civilisé comme l'habitant le plus doux de l'Amérique du Sud. Livré, sous l'influence d'un climat délicieux, aux soins de la culture et du commerce, il vit heureux de son industrie, et conserve une attitude paisible, environné qu'il est de commotions populaires qui ensanglantent l'Amérique espagnole.

L'auteur fait connaître la division du territoire brésilien en dix-huit provinces; il donne la description succincte de chacune d'elles, celle de leur situation, de leur commerce, de leur industrie, du caractère des diverses populations civilisées de ces provinces.

Il donne ensuite l'intéressante relation du voyage de la petite colonie d'artistes français dont il faisait partie, depuis son départ du Havre jusqu'à son arrivée à Rio-Janeiro, où ils étaient impatiemment attendus. Il dépeint l'accueil favorable qu'ils reçurent comme artistes français appelés à faire jouir le Brésil d'institutions utiles à la propagation des arts.

Une partie des planches de ce volume reproduit les groupes de montagnes qui composent la côte de Rio-Janeiro, et dont plusieurs sont connues sous des noms bizarres, tels que le Pain de sucre, le Géant couché, etc.... qui leur ont été donnés à cause d'une espèce d'illusion visuelle qui communique à ces montagnes la forme d'où elles tirent leurs dénominations.

D'autres planches font connaître la baie et la ville de Rio-Janeiro, ainsi que les usages publics et privés des diverses classes d'individus dont se compose la population de cette ville. Elle renferme, aujourd'hui, un assez grand nombre d'établissements utiles; mais la plupart des édifices nous ont paru peu recommandables sous le rapport de l'art.

M. Debret décrit aussi, et nous offre tout ce qui, dans cette capitale, est relatif à l'administration, au culte, au commerce, à la vie habituelle, aux emplois civils et militaires, aux plaisirs et divertissements, aux peines et châtiments, etc. Dans une suite d'articles dont la seule nomenclature serait trop longue à exposer ici, et où rien de ce qui peut instruire ou piquer la curiosité n'est oublié, il donne d'intéressants renseignements sur le progrès des arts utiles et agréables à Rio-Janeiro. Il cite parmi les monuments remarquables, l'édifice de la nouvelle Bourse dû au talent de l'un de nos compatriotes, M. Grandjean de Montigny, architecte de la ville, artiste distingué, membre et professeur de l'Académie des beaux-arts de Rio-Janeiro; la Douane, qui offre de belles dispositions; les aqueducs qui amènent les eaux à la ville, et surtout celui qui fut construit sous le règne de Jean V. Cet aqueduc à deux rangs d'arcades a (dit-il) le grandiose du style romain. Il mentionne aussi un beau théâtre où l'on entretient une troupe italienne; une promenade publique, ornée de plantations variées, située au bord de la mer, et offrant une terrasse d'où la vue s'étend au loin. Il nous décrit ces réunions où de jeunes Brésiliens, doués d'heureuses dispositions pour la poésie, la musique et la danse, se plaisent à les développer d'une manière brillante en présence d'amateurs amis zélés des beaux-arts. Il n'oublie pas les promenades pittoresques ou d'agrément des environs de la ville, et entre autres la route qui du palais impérial conduit à celui de plaisance de Santa-Cruz, qui est bordée de belles maisons de campagne, ainsi que de riches établissements ruraux. Il trace un tableau de la prospérité du pays, et en donne comme preuve l'accroissement de la population de Rio-Janeiro qui, en 1816, étant évaluée à 150,000 âmes, est aujourd'hui presque doublée par l'arrivée d'un grand nombre d'étrangers, Français, Allemands et Anglais, qui sont venus s'y établir, attirés par l'avantage que présente son port de commerce, qui passe pour être le mieux situé de tous ceux de l'Amérique du Sud.

Parmi les articles qu'il consacre à la description des usages particuliers, il en est un qui nous a paru de nature à justifier ce caractère de douceur et cet état de quiétude que M. Debret attribue aux Brésiliens civilisés de Rio-Janeiro; il a pour titre : *Les délassements d'un après-dîner d'hommes riches.* Le parallèle qu'il y établit de nos usages comparés à ceux de ce pays, fait concevoir la différence qui doit naturellement exister entre les habitudes de climats qui se ressemblent si peu.

Si ce point a fixé notre attention de préférence, et si nous nous sommes déterminés à le citer, c'est qu'il a procuré à l'auteur l'occasion d'entrer dans quelques détails qui se rattachent aux arts par la description d'une maison opulente de Rio-Janeiro et des plaisirs que l'on y goûte.

M. Debret, après avoir rappelé le charme de nos réunions françaises et de nos conversations animées après le repas, ajoute qu'il n'en peut être ainsi sous la température brûlante de l'Amérique.

Le Brésilien sort ordinairement de table au moment où l'atmosphère embrasée répand son étouffante influence dans l'intérieur de son habitation. Les observateurs ont constamment retrouvé dans les contrées méridionales, l'usage de l'abri extérieur : telles sont la galerie moresque, la loge italienne; telle est aussi la varanda brésilienne, que l'on retrouve, quoique très-simplement construite, jusque dans la plus pauvre habitation.

La face extérieure de cette galerie, assez basse, se compose d'un mur d'appui sur lequel posent quelques colonnes très-grosses et courtes; elles soutiennent une frise abritée par l'énorme saillie des tuiles demi-cylindriques de la couverture.

La maison de campagne élevée sur un plateau nécessite, par son isolement, la continuité d'une varanda ou galerie, au moins sur trois des côtés du rez-de-chaussée, afin de procurer une communication fraîche aux appartements qui occupent le centre du bâtiment. Nous avons été singulièrement frappés de l'analogie qui existe entre le plan d'une maison de campagne brésilienne, publiée par M. Debret, et ceux des maisons connues de Pompéi.

A la ville il n'y a de varanda que sur la face principale donnant sur le jardin : c'est sous cette galerie que l'on a l'habitude de prendre le frais; c'est là que, pendant le silencieux recueillement d'un après-dîner, abrité des rayons du soleil, le jeune Brésilien

2

s'abandonne à une douce et rêveuse mélancolie qu'excite sa verve poétique et musicale;
c'est là qu'accompagnant son ingénieuse romance des sons de la flûte et de la guitare,
il prélude au triomphe qui l'attend au salon quelques heures plus tard.

Le second volume se termine par un résumé de l'influence exercée par l'agriculture
et l'industrie sur le commerce brésilien, base de la prospérité de cette belle partie de
l'Amérique méridionale, dans laquelle le luxe se répand de plus en plus pour satisfaire
aux exigences de vanités si séduisantes sous le beau ciel du Brésil. C'est un tableau
complet de l'état de ce pays lors du départ de l'auteur pour la France, auquel il joint
un exposé des améliorations récentes, introduites depuis cette époque dans la forme
du gouvernement, dans les diverses branches de l'administration et dans le mode des
constructions.

De nouvelles promenades, des fontaines, des marchés, des travaux d'assainissement
de tout genre, sont une preuve des efforts incessants d'une noble émulation et d'un
progrès civilisateur dus à la culture des sciences et des arts.

Le troisième volume est presque entièrement consacré à retracer l'histoire politique
et religieuse du Brésil actuel. On y voit naître et se développer une ère nouvelle par
l'introduction dans ce pays d'une forme régulière de gouvernement et de lois sages.
Quoiqu'il ne nous appartienne pas d'entrer dans l'examen d'objets étrangers à la spécia-
lité de cette Académie, on ne peut cependant se dissimuler que toutes choses sont
tellement liées entre elles, que c'est au bien-être qui résulte de bonnes institutions
civiles et religieuses, que les arts doivent être justement appréciés.

La description que donne M. Debret du Brésil de 1816 vient à l'appui de cette
opinion. Après nous avoir montré en commençant l'homme sauvage, il n'apporte pas
moins de soin à nous le représenter civilisé dans toutes les conditions de la vie. Si de rapides progrès sociaux font disparaître et effacent chaque jour quelques traces du caractère
primitif de ce pays, c'est pour y substituer des mœurs et des habitudes plus douces,
c'est pour y faire pénétrer des connaissances utiles, c'est enfin pour y goûter le charme
des arts auquel ce peuple était à peu près étranger. Le Brésil, depuis qu'il a secoué le
joug de la domination portugaise, jouit d'une prospérité toujours croissante.

C'est ce que l'auteur a parfaitement développé dans ce troisième volume, en rendant
alternativement compte de l'arrivée de la cour de Jean VI au Brésil, et de sa résidence
à Rio-Janeiro,

Des améliorations apportées à l'instruction publique,

De l'établissement de sociétés savantes,

De la création d'hôpitaux et de lieux de charité,

De l'organisation de l'ordre judiciaire,

Des singularités du cérémonial religieux.

Les descriptions qu'il donne des différentes processions et de la décoration des églises
où elles se rendent, offrent une suite de détails les plus pittoresques. Il en est de même
du récit qu'il fait des nombreuses fêtes civiles et politiques auxquelles ont donné lieu
les événements qui se sont succédé dans la capitale de l'empire brésilien, et dont
M. Debret, en témoin fidèle, retrace jusqu'aux moindres circonstances; mais ce qui,
dans ce volume, a surtout captivé notre attention, c'est, d'une part, le tableau de l'état
des beaux-arts au Brésil, et, de l'autre, l'histoire particulière de l'académie que les
artistes français y ont fondée.

M. Debret a emprunté modestement ce tableau à la plume d'un jeune Brésilien son
élève. Cet étranger exprime les sentiments de la plus vive reconnaissance envers ceux
de nos compatriotes qui ont contribué à propager les arts dans sa patrie. Dans
quelques pages éloquentes, aussi honorables pour la France que pour son propre pays,
il développe avec autant de feu que d'enthousiasme la marche ascendante des arts au

Brésil. Il les présente d'abord introduits par le besoin de simulacres religieux et exercés par des artistes venus à la suite des missionnaires, puis il montre le Portugal au seizième siècle déjà en commerce intime avec l'Italie, et le type architectural de cette époque révélé au Brésil, mais circonscrit dans les enceintes des couvents pendant plus de deux siècles, et stationnaire partout ailleurs. Il dit comment quelques œuvres qu'il cite, et beaucoup d'autres, donnèrent l'impulsion au génie national, et comment les arts, qui sommeillèrent si longtemps, se trouvèrent préparés au progrès lors du débarquement de Jean VI sur les côtes du Brésil, comment les ports s'ouvrirent aux nations étrangères, et comment avec elles les lumières de la civilisation y pénétrèrent. Enfin il arrive à cette époque où le gouvernement, résolu à se fixer en Amérique, et sentant le besoin d'y attirer de plus en plus les beaux-arts, tourna ses regards vers la France, et chargea M. de Marialva, ambassadeur de Jean VI à Paris, de réunir et d'envoyer au Brésil une colonie d'artistes français.

Ce fut alors que M. le Breton, secrétaire perpétuel de la classe des beaux-arts de l'Institut, se détermina à entreprendre le voyage, accompagné de notre digne confrère feu M. Taunay, de son frère le statuaire, de M. Debret, peintre d'histoire, devenu depuis notre correspondant, de MM. Grandjean, architecte, Ovide, mécanicien, des frères Ferez, sculpteurs et graveurs en médailles, de M. Pradier, graveur en taille-douce, et du musicien Newcom.

A dater de l'arrivée de nos artistes, un brillant avenir se développe, et Rio-Janeiro nourrit l'espérance de voir bientôt, sous la direction d'habiles maîtres, s'organiser une éducation artistique, et se fonder une académie des beaux-arts. Après bien des intrigues contraires, après mille obstacles créés par les événements politiques, cet espoir se réalisa, et, le 5 novembre 1826, en présence de l'empereur, le corps académique fut installé et mis en possession du superbe édifice que venait de lui préparer M. Grandjean, et que l'on considère, avec raison, comme l'un des principaux ornements de Rio-Janeiro.

Nous ne vous retracerons pas, Messieurs, toutes les entraves qui s'opposèrent pendant trop longtemps aux vues généreuses de nos artistes, il faut en avoir lu le récit pour apprécier leurs nobles efforts et leur courageuse persévérance. Tel est, Messieurs, l'ouvrage de M. Debret. Puissions-nous, par l'incomplète analyse que nous venons d'avoir l'honneur de vous en présenter, être parvenus à vous faire partager l'intérêt qu'il nous a inspiré! Conçu dans de grandes vues d'ensemble, et riche de détails, il comprend sous tous les rapports les notions les plus curieuses et les plus intructives sur le Brésil ancien et nouveau, sur cette terre découverte en 1500, par le Portugais don Pedro Alvarez Cabral, sur cette belle et riche contrée de l'Amérique méridionale qui, après avoir été longtemps courbée sous le joug de ses vainqueurs, est enfin parvenue à s'affranchir des chaînes de l'esclavage et à conquérir son indépendance.

Il est heureux pour nous, il est glorieux pour la France, de penser que ce sont plusieurs de nos compatriotes, artistes distingués, parmi lesquels étaient des membres de notre Académie, qui, en 1816, se sont dévoués, avec tant de zèle et de courage, à aller propager le goût des arts sur cette terre encore dans l'enfance; il est glorieux, disons-nous, qu'ils soient parvenus, à force de persévérance, à y fonder une académie des beaux-arts, et qu'ils aient ainsi contribué à faire généreusement participer le Brésil aux bienfaits de notre civilisation!

Grâces leur en soient rendues! grâces en soient rendues à M. Debret, l'un des fondateurs de cet utile établissement, et qui n'a quitté le Brésil qu'après y avoir laissé des élèves dignes de ses soins et capables de continuer l'œuvre méritoire qu'il a su mener à si bonne fin.

En s'éloignant du pays qu'il venait de doter si richement, M. Debret n'a pas regardé sa tâche comme accomplie, puisque, de retour dans sa patrie, c'est à nous faire connaître ce que, pendant un séjour de seize années, il a pu recueillir de recherches et d'observations sur ce pays, qu'il a consacré ses veilles, en publiant l'intéressant ouvrage, objet de ce rapport, qu'il a dédié à l'Académie des beaux-arts.

Signé à la minute, COUDER, Comte DE CLARAC, LEBAS, Rapporteur.

L'Académie adopte les conclusions de ce Rapport.

Certifié conforme :

Le Secrétaire perpétuel,
RAOUL ROCHETTE.

IMPRIMERIE DE FIRMIN DIDOT FRÈRES,
IMPRIMEURS DE L'INSTITUT, RUE JACOB, 56.

INTRODUCTION

J'attachais un prix si élevé à l'avantage de pouvoir admirer la beauté du climat brésilien, et surtout à la gloire de propager la connaissance des beaux-arts chez un peuple encore dans l'enfance, que je n'hésitai pas à m'associer aux artistes distingués, mes compatriotes, qui, sacrifiant un instant leurs affections particulières, formèrent cette expédition pittoresque.

Animés d'un même zèle, et de l'enthousiasme des savants voyageurs qui ne craignent plus aujourd'hui d'affronter les chances d'une longue et trop souvent périlleuse navigation, nous quittâmes la France, notre commune patrie, pour aller étudier une nature nouvelle, et imprimer dans ce monde nouveau les traces profondes et utiles, je l'espère, de la présence d'artistes français.

Le gouvernement portugais, à la sollicitation duquel notre colonie s'était formée, ne nous demandait, dans le principe, qu'un petit nombre d'années pour fonder et mettre en activité un institut des beaux-arts à Rio-Janeiro; mais les circonstances politiques, entravant notre établissement, prolongèrent notre séjour bien au-delà de ce terme, et il ne fallut pas moins de dix années pour entrer en possession du local qu'on nous destinait.

Ces dix années ne restèrent cependant pas infructueuses; car les divers ouvrages que nous exécutâmes pendant cet intervalle inspirèrent le goût des arts aux jeunes Brésiliens, et garantirent ainsi le succès de notre entreprise : aussi quelques années d'études dirigées par un enseignement régulier suffirent-elles à ces hommes favorisés de la nature, pour fournir des expositions annuelles dont les produits étonnèrent par leur perfection. Enfin, dès la sixième année de l'existence active de l'académie impériale des beaux-arts de Rio-Janeiro, on comptait déjà dans la classe de peinture plusieurs élèves employés comme professeurs dans diverses écoles du gouvernement. Il s'en trouvait même un attaché au service particulier de la cour. Les deux plus habiles avaient déjà exécuté des tableaux d'histoire dont les sujets nationaux se rattachaient aux établissements qu'ils devaient orner.

Ce fut donc aux rapides succès de mes élèves que je dus l'avantage d'obtenir du conseil de régence un congé limité pour retourner dans ma patrie, et y jouir, au sein de ma famille, de la possibilité de mettre au jour le premier volume de mon *Voyage pittoresque au Brésil*, que j'offre aujourd'hui au public.

Par suite de l'habitude de l'observation, naturelle à un peintre d'histoire, je fus porté à saisir spontanément les points caractéristiques des objets qui m'environnaient; aussi mes croquis faits au Brésil retracent-ils spécialement les scènes nationales ou familières du peuple chez lequel je passai seize années.

Cette collection, rangée par ordre de dates, puise un nouvel intérêt dans l'histoire de sa formation.

En effet, commencée précisément à l'époque de la régénération politique du Brésil, opérée par la présence de la cour de Portugal, qui se fixa dans la capitale de la colonie brésilienne en l'élevant au rang de royaume d'abord, et bientôt à celui d'empire indépendant. Cette collection finit à la révolution de 1831.

Tous ces documents historiques et cosmographiques, consignés dans mes notes et mes dessins, étaient déjà mis en ordre à Rio-Janeiro, lorsqu'ils y furent vus avec un vif intérêt par des étrangers qui me visitèrent. Leurs sollicitations m'encouragèrent à remplir quelques lacunes pour composer un véritable ouvrage historique brésilien, dans lequel se développe progressivement une civilisation qui déja honore assez ce peuple, naturellement doué des plus précieuses qualités, pour lui mériter un parallèle avantageux avec les nations les plus distinguées de l'ancien continent.

Enfin, pour traiter complètement un sujet aussi neuf, j'ai ajouté, en regard de chaque planche lithographiée, une feuille de texte explicatif, afin que la plume et le pinceau suppléassent tour à tour à leur mutuelle insuffisance.

Rejetée au-delà des mers par l'empire français, la cour de Portugal jouissait à Rio de Janeiro, depuis 1808, de la tranquillité la plus parfaite, lorsqu'en 1815 elle résolut de s'y fixer tout-à-fait, en y élevant le trône du nouveau royaume-uni du Portugal, du Brésil, et des Algarves. Le ministère sentit dès lors la nécessité d'y appeler l'industrie européenne, de la féconder par l'influence des beaux-arts ; et ce fut à la France que M. de Marialva, ambassadeur portugais à Paris, demanda une colonie d'artistes destinée à fonder une académie des beaux-arts au Brésil.

Parti sous la conduite de feu M. Le Breton, alors secrétaire perpétuel de la classe des beaux-arts de l'Institut de France, j'arrivai ainsi à Rio-Janeiro, en 1816, faisant partie, comme peintre d'histoire, de cette expédition, dont les autres membres étaient MM. Taunay, peintre de paysage, membre de l'Institut de France ; Taunay, statuaire, frère du précédent ; Grand-Jean de Montigny, architecte ; Pradier, graveur en taille-douce ; Newcom, compositeur de musique ; Ovide, professeur de mécanique. Au moment de notre débarquement, la mère du prince régent don Jean VI venait de mourir, et l'on s'occupait déja des préparatifs du cérémonial à observer pour l'acclamation du nouveau monarque brésilien. Arrivés à propos, on s'empresse de faire contribuer nos divers talents à la splendeur de l'importante cérémonie qui devait faire prendre place à la colonie brésilienne parmi les royaumes de l'ancien continent. Dès ce moment, spécialement occupé à retracer une longue suite de faits historiques nationaux, j'eus à ma disposition tous les documents relatifs aux mœurs et coutumes du nouveau pays que j'habitais, et qui formèrent la première base de ma collection. A dater de cette époque, nous fûmes constamment appelés à concourir aux travaux commandés à l'occasion des divers événements politiques dont le caractère successivement plus grand et plus noble devait amener l'époque mémorable de la fondation de l'empire brésilien indépendant du Portugal. Je professais alors la peinture d'histoire à l'académie de Rio-Janeiro, fondée par notre colonie ; aussi me trouvai-je à même d'entretenir constamment par mes élèves des relations directes avec les contrées les plus intéressantes du Brésil, relations qui me procurèrent en abondance les documents nécessaires au complément de ma collection déja commencée.

Quant à l'histoire particulière des sauvages, une circonstance heureuse m'en fournit les premiers matériaux : deux jours s'étaient à peine écoulés depuis notre arrivée, que l'on nous fit voir des indigènes Botocoudes récemment amenés à Rio-Janeiro par un voyageur qui me donna la facilité de les dessiner avec soin, en ajoutant à cette complaisance des renseignements aussi vrais qu'intéressants sur les mœurs de ces indigènes, au milieu desquels il avait vécu. Le hasard me fit ainsi commencer, au sein d'une capitale civilisée, cette collection particulière des sauvages que je devais achever dans les forêts vierges du Brésil.

Sous l'empire, les gouverneurs des provinces, presque tous brésiliens, se vouèrent plus particulièrement aux progrès de la civilisation, et l'on vit à cette époque, pour la pre-

mière fois, conduire à Rio-Janeiro de fréquentes députations d'Indiens sauvages pour y
demander au souverain des instruments comme cultivateurs et des armes comme auxiliaires.

Ce système étendit si loin son influence, que, pendant les dernières années de mon séjour
au Brésil, on rencontrait constamment à Rio de ces familles de sauvages civilisés, logées
hospitalièrement au Campo de Santa-Anna, dans les ateliers des travaux publics du gouvernement, où les communications avec elles étaient d'autant plus avantageuses, qu'il se trouvait
presque toujours parmi ces sauvages quelque individu comprenant un peu le portugais; et,
tandis que le gouvernement s'enrichissait ainsi de populations nouvelles, le musée d'histoire
naturelle et le palais de Saint-Christophe complétaient chaque jour une précieuse collection
de vêtements et d'armes, offerts en présents au souverain par ces indigènes. Enfin, déja muni
d'importants matériaux, apportés, pour ainsi dire, à ma curiosité par ces députations, j'allai
plusieurs fois, avec des naturels du pays, chercher au sein de leurs familles le complément du
premier volume que je publie.

L'ouvrage que j'offre au public est une description exacte du caractère et des habitudes
des Brésiliens en général; je dois donc, pour suivre un ordre logique, commencer par l'histoire
de l'Indien sauvage, premier habitant de cette partie du globe si admirable par l'abondance
des bienfaits que la nature se plaît à verser sur elle.

C'est au centre des immenses forêts vierges du Brésil que l'observateur doit chercher ces
antiques familles d'indigènes conservées dans leur état primitif, heureuses de vivre sous une
douce température, et d'y confondre les saisons, qui leur offrent sans interruption mille
espèces de fruits savoureux, et constamment des plantes vigoureuses dont les racines substantielles suffisent à la nourriture de leurs jeunes enfants; tandis que les hommes, naturellement pleins d'adresse et d'agilité, se livrent à la chasse pour se procurer un aliment
de plus.

Que d'entraves à surmonter pour l'Européen courageux qui veut voir, au sein de ses habitudes, le Brésilien sauvage, toujours campé au bord d'un ruisseau, d'un lac ou d'une rivière
qui coupent un bois épais! Là vous trouvez le plus industrieux de ces indigènes, fortifié
dans son petit hameau, ceint de plusieurs lignes de retranchements qu'il forme de barricades
de troncs d'arbres disposés de manière à ne laisser qu'une seule entrée; encore est-elle
masquée par des broussailles.

Pour arriver jusqu'à l'Indien sauvage, l'Indien civilisé peut seul servir de guide à travers
ce dédale de végétation. Uniquement inspiré par un instinct naturel, il s'oriente au milieu
de ces gigantesques et lugubres forêts dont les voûtes épaisses sont impénétrables aux rayons
du soleil. Son odorat, d'une délicatesse incroyable, lui décèle, même à une grande distance,
l'approche d'un de ses compatriotes; sa vue exercée, toujours vigilante, découvre et suit la
piste d'un animal aux seules traces d'altération produites par le passage de son corps sur le
feuillage des sensibles mimoses qui cachent le sol de ces forêts. Aussi n'est-ce qu'à l'aide de
ces facultés rassurantes que l'on ose s'avancer avec lui à travers les innombrables squelettes
blanchâtres d'antiques végétaux de toute espèce qui, pour ainsi dire, servent de trame au
tissu serré d'une végétation nouvelle, dont l'active profusion s'élance en tous sens pour
former un réseau impénétrable. Ah! comment le voyageur ne serait-il pas frappé de respect
et d'admiration à la vue de ce miracle de fécondité! Convaincu de l'impuissance de ses moyens
physiques, l'homme, si audacieux ailleurs, ici devient timide. Il est obligé de se faire, des

ravins formés par les eaux, un chemin qui le conduit au bord des rivières; et, après les fatigues d'une descente rapide et toujours périlleuse, parvenu dans les bas-fonds, il s'estime encore heureux de profiter de quelques trouées faites dans les buissons par les animaux sauvages, pour arriver aux parties boisées qu'il veut parcourir. Approche-t-il d'une habitation sauvage, ce guide, si indispensable dans ce labyrinthe obscur, devient un truchement salutaire au voyageur qu'il précède. Le premier bruit de ses pas sur le feuillage a jeté l'épouvante dans le hameau; tous les hommes prennent les armes: mais, grace aux paroles de paix que le guide prononce, le chef s'avance le premier, tenant son arc et sa flèche réunis dans une seule main. A ce signe de suspension d'armes, la curiosité succède à la défiance générale: le voyageur peut approcher sans crainte, et quelques présents rassemblent bientôt autour de lui toute la population sauvage, qui l'introduit au centre du hameau pour y visiter à loisir l'intérieur de ses humbles cabanes. Alors commencent les échanges de part et d'autre.

Pendant ces démonstrations amicales si pleines d'intérêt, le naturaliste observateur se sent pénétré tout-à-coup, malgré sa philanthropie, d'un sentiment de tristesse à l'aspect de sa figure reproduite sur un être sauvage chez lequel la subtilité et la perfection des sens, devenus redoutables sous des formes apathiques mais farouches, rappellent à sa pensée un parallèle involontaire avec la bête féroce; et, comme s'il n'eût rencontré qu'elle au milieu de ces bois, il s'estime heureux de n'y avoir provoqué qu'un regard d'indifférence.

Cependant, malgré le contraste si frappant des manières, on retrouve dans l'Indien sauvage certaines idées primitives, vices et vertus, qui constituent encore le caractère social de l'homme civilisé: l'amour de la propriété et le courage de la défendre, l'irritabilité de l'amour-propre offensé et les ruses les plus fines que puisse suggérer la vengeance. Et, qui le croirait? au milieu d'une liberté sans bornes, il est dominé par un sentiment d'orgueil tout féodal. Comme le seigneur suzerain qui jadis rassemblait au son du beffroi de son castel tous ses vassaux capables de porter les armes, il se plait à montrer à l'homme civilisé l'étendue de sa domination et la puissance de ses appels. C'est ainsi que tout récemment, dans la province du Maranhâo, le sauvage *Tempé*, chef des *Timbyras*, visité par des étrangers, voulut, en petit souverain belliqueux, leur donner une idée de l'obéissance de ses soldats. Glorieux de posséder une arme à feu, présent d'un riche propriétaire brésilien, il s'en servit devant eux pour transmettre le signal du rassemblement militaire: un seul coup de fusil suffit en effet pour faire apparaître en un instant près de huit cents guerriers prêts à obéir à ses ordres.

A la vertu martiale chez cet indigène s'allie l'amour des distinctions, dont nécessairement un général s'environne; aussi le vêtement du chef est-il toujours d'un luxe extraordinaire. Étranger aux mœurs de l'Européen, s'il ne sait pas comme lui apprécier la finesse du tissu de nos vêtements militaires, la profusion des riches broderies, le fini des ciselures d'une arme, il sait, dans son imagination également pleine de vanité, les remplacer par une cotte d'armes de tissu de coton très-solide. Il le recouvre de plumes rangées de manière à former des compartiments qui par leurs couleurs variées rappellent la robe brillante des plus beaux oiseaux dont la nature ait peuplé les forêts qu'il habite.

Il n'a pas moins senti la nécessité d'orner sa tête pour se distinguer de ceux qu'il commande: aussi porte-t-il un casque recouvert de plumes dont les énormes panaches élèvent sa coiffure de trois ou quatre pieds. Son instinct lui a révélé l'influence de la physionomie, et il s'exerce à imaginer d'effrayantes bizarreries pour se rendre le visage monstrueux, afin d'épouvanter son ennemi au premier aspect. Ainsi, comme la nature lui a refusé la barbe, il y supplée par des incisions dans la peau du visage, où tantôt il introduit des griffes de tigre, tantôt de longues plumes d'*arara*, fixées ensuite avec des résines aux deux extrémités de la lèvre supérieure, et se forme ainsi d'énormes moustaches artificielles. Par suite de ce singulier raisonnement, on conçoit sans peine que le plus cruel des sauvages brésiliens, le *féroce Botocoude*, doit être aussi celui dont la physionomie humaine, devenue volontairement presque méconnaissable, soit sans contredit la plus hideuse, et en même temps la plus effrayante : en effet, la mutilation de sa lèvre inférieure paralysant l'expression des coins de sa bouche, donne à la partie ordinairement la plus mobile du visage, une horrible fixité, dont la laideur épouvantable représente à merveille l'impassibilité de la barbarie. Mais ce n'est point encore assez; pour imiter le coloris de la fureur, il se barbouille la partie supérieure du visage d'une teinte de rouge ardent, afin d'accroître par cet artifice l'énergie de son regard menaçant. Cette dernière combinaison, que ne dédaignèrent pas nos petites-maîtresses du XVIIIᵉ siècle pour rehausser aussi l'éclat de leurs regards, ainsi calculée par une brute anthropophage, ne lutte-t-elle pas de finesse avec le génie subtil de nos célèbres artistes européens qui figurent sur la scène théâtrale? Mais cette étude de moyens propres à augmenter les chances de victoire, était inséparable du désir d'en conserver le souvenir; et bientôt nous retrouvons chez ces Indiens, comme chez les peuples de l'Europe, le trophée militaire à côté de la victoire, avec cette différence toute naturelle, que, ne possédant pas de monuments stables pour y déposer les dépouilles ennemies, le sauvage, presque toujours errant, se contente d'amonceler dans sa bourgade un nombre considérable de têtes de prisonniers de guerre momifiées, et qu'il orne de coiffures en plumes.

Chez lui aussi, une distinction est attachée à la demeure du général en chef : au lieu de sentinelles, vous trouvez à la porte de sa hutte une longue pique au sommet de laquelle est fixée une tête de momie, factionnaire immobile, mais non moins imposant, et qui sert en même temps au général de sceptre militaire. Quant aux chefs subalternes, ils portent à leur ceinture une tête suspendue par une double corde de coton adhérente à la bouche de la tête desséchée. Enfin, les ossements des cuisses et des jambes ne restent pas inutiles; ils en fabriquent des instruments à vent employés à la guerre, et qu'ils ornent encore des cheveux de leurs prisonniers égorgés.

Là encore, la pourpre, le sceptre et le diadème sont les marques distinctives de la souveraineté. Tandis que les Égyptiens et les Grecs se procuraient à grands frais la pourpre de Tyr pour afficher le luxe de la richesse ou de l'aristocratie, en Amérique, à la même époque sans doute, l'indigène sauvage, naturellement sensible à l'éclat imposant de la couleur rouge de l'*arara*, en choisissait aussi le plumage pour orner ses chefs. Cet antique usage, transmis jusqu'à nos jours, m'a fait rencontrer, pendant les réjouissances, le chef d'une bourgade indienne revêtu d'un manteau, couronné d'un diadème, et armé de son sceptre, faits également en plumes rouges, bleues et jaunes, couleurs spécialement affectées aux grands dignitaires. De l'amour des distinctions devait naître nécessairement l'abus du système aristocratique; aussi ne tarda-t-il pas à se rencontrer chez ces sauvages. Vous y voyez une portion d'individus, descendants des races primitives, se prétendre seuls doués du haut caractère et de la bravoure de leurs ancêtres, et revendiquer le privilége d'en soutenir seuls dignement la réputation. Usurpateurs aristocrates, non seulement ils méprisent leurs frères, qui forment les nombreuses subdivisions de leurs familles, mais ils se constituent leurs oppresseurs. De là cet orgueilleux motif de haines héréditaires, aliment continuel des guerres qui ensanglantent journellement les forêts vierges du Brésil.

Puis, à côté de ces vices organiques de l'homme moral, vous retrouvez, par un contraste remarquable, l'idée première de toutes les vertus, l'idée de Dieu!....

Dans l'émotion d'une secrète reconnaissance, son cœur, à l'aspect de l'abondance protectrice d'une infatigable végétation, lui a, par un instinct sublime, révélé l'existence d'un être surnaturel, créateur et régulateur de toutes choses, de qui la détonation de la foudre manifeste le courroux, et auquel il suppose une proportion gigantesque, en l'appelant *Toupan* (le Grand, le Fort).

Conséquence indispensable de l'idée de Dieu, la consolante pensée de l'immortalité de l'âme naît, chez les uns, du besoin de se croire inséparables d'un parent bienfaisant dont ils honorent la mémoire; chez d'autres, au contraire, cette pensée, plus matérialisée, prête au cadavre de celui qu'ils regrettent une prolongation de sensations et de besoins qui leur commande de déposer une provision de vivres dans la tombe du défunt. Au bout de quelques mois, sa pieuse sollicitude l'y ramène, et, enlevant avec respect la terre qui pèse sur cette dépouille mortelle déja méconnaissable par sa putréfaction, il se fait un devoir de renouveler les secours qu'il lui suppose nécessaires; mais, prévoyant l'anéantissement complet de ces restes informes qui lui sont toujours chers, il les abandonne cette fois, avec la certitude physique qu'il leur a été suffisamment utile (*Botocoudes*). La conscience vient à son tour involontairement exercer sur lui sa puissance instinctive; le remords lui annonce intérieurement un châtiment surnaturel, dont la terrible attente trouble incessamment son repos. Autour de lui tout devient redoutable; il craint l'influence d'un mauvais génie, et s'efforce, en allumant des feux, d'en préserver même la tombe de son ami (*Botocoudes*). De la terreur il tombe dans le délire, et il rêve la métempsycose : ce tigre qu'il rencontre, c'est une ame humaine qui a pris cette transformation pour se venger d'une injustice dont elle fut la victime sur la terre (*Kamacans*).

En résumé, tout ce que l'esprit humain a conçu d'idées philosophiques, élevées, admirables ou même bizarres, vous en retrouvez le principe et le germe chez l'Indien sauvage, avec leur application par le seul mouvement de l'instinct ou de l'inspiration. C'est, en un mot, l'homme de la nature, fort de ses moyens intellectuels primitifs, que je veux vous montrer en face de l'homme de la civilisation, armé de toutes les ressources des lumières.

STATISTIQUE.

Le vaste territoire du Brésil, le plus étendu de l'Amérique méridionale (*), était, *lors de sa découverte*, partagé entre des peuplades sauvages, dont le caractère variait en raison de l'influence du sol qu'elles habitaient, et de la manière de s'y procurer les moyens d'existence. Les unes, retirées au centre des forêts, y vivaient de la chasse; les autres, établies dans les plaines, sur le bord des rivières, portaient plus ou moins leur industrie vers la culture; d'autres, enfin, se livraient à la pêche sur les côtes maritimes. Parmi ces peuplades, les plus indolentes étaient sédentaires; les plus turbulentes, au contraire, et les moins industrieuses étaient nomades. La plupart vivaient sans communications entre elles; quelques autres, divisées par des haines héréditaires, se poursuivaient constamment les armes à la main.

La grande race des *Tapuyas*, considérée par les historiens comme la plus ancienne du Brésil, occupait toute la côte, depuis la rivière des *Amazones* jusqu'à la *Plata*, et dans l'intérieur des terres, depuis le *Rio-de-San-Francisco* jusqu'au *Cabo-Frio*. Les *Tupis* les en chassèrent, et se trouvaient, lors de la découverte du Brésil, maîtres des côtes, où ils demeuraient divisés en tribus distinguées par des noms différents.

Ce fut le 24 avril 1500 que les Indiens nommés *Pataxos* (Patachos), alors maîtres de la baie appelée aujourd'hui *Porto-Sigouro*, virent pour la première fois un Portugais (D. Pedro Alvarès Cabral, illustre navigateur). L'accueil favorable qu'ils lui firent l'encouragea à

(*) Le Brésil est borné au N. par le fleuve des Amazones, à l'E. par l'Océan Atlantique, au S. par le Rio de la Plata, et à l'O. par le Paraguay et le Pérou; il s'étend de l'équateur jusqu'au 35° degré de latitude S., et du 37° degré 20 minutes jusqu'au 62° degré 20 minutes de longitude O., et a, par conséquent, 875 lieues de large : il est divisé actuellement en onze capitaineries, et sous l'empire il l'était en dix-neuf provinces.

débarquer; et prenant ainsi possession du territoire brésilien au nom de son maître, il y planta une croix sur un rocher blanchâtre, cérémonie qui valut à cette île le nom de Sainte-Croix qu'elle porte encore aujourd'hui. Bientôt après, il fit monter deux indigènes à bord d'une embarcation portugaise, qu'il détacha de l'expédition pour les conduire à Lisbonne, où ils furent présentés à D. Emmanuel, roi de Portugal. A son départ, Cabral laissa sur le territoire nouvellement découvert le révérend P. Henri de Coïmbre, jésuite et supérieur des missionnaires que l'expédition emmenait aux Indes, et deux de ses compatriotes condamnés à la déportation : singuliers germes de civilisation laissés, pour la première fois, par les Portugais aux sauvages du Brésil.

En 1567, le gouverneur portugais Mendo-de-Sà fonda, près de *Rio-Janeiro*, le village de *San-Lourenz*, pour y réunir les Indiens qui s'étaient distingués par leur bravoure à expulser de cette ville les Français et les *Tupinambas*. Les jésuites y introduisirent ensuite les *Goaytacasès*, nouvellement convertis. Ce mélange de races indiennes civilisées forme aujourd'hui la tribu qui habite ce petit hameau. Ces *Caboclos* s'occupent de la fabrication de poterie de terre dont ils font commerce; ils fournissent aussi les rameurs canotiers employés au service de l'empereur du Brésil.

A huit lieues de *Bahïa*, dans le canton de la *Cachoeïra* de *Paraguaçu*, il existe une ancienne tribu de *Tapouyas*, qui a conservé son nom primitif, et que l'on appelle les *Cariris da Pedra Branca*. Ces Indiens, entièrement civilisés, sont tous soldats. Lorsque leur commandant reçoit l'ordre de partir pour une expédition, les soldats emmènent avec eux leurs femmes et leurs enfants. Le soir, on campe; la cabane du chef est placée en avant des autres; ils se rassemblent tous pour la prière de l'*Ave, Maria*, à la suite de laquelle ils reçoivent l'ordre pour le lendemain : du reste, ils conservent leurs usages. Ils sont généralement grands mangeurs et un peu indolents. On s'en sert particulièrement pour réprimer les soulèvements des Noirs, qui se renouvellent de temps à autre à *Bahia*. Ces Indiens sont surtout habiles à les combattre lorsqu'ils se retirent dans les bois, et à *Rio-Janeiro* ils forment en grande partie l'artillerie de la place.

J'ai cru devoir rassembler quelques documents accrédités par les historiens sur la fameuse race des *Tupis*, qui disputèrent le terrain aux Portugais lorsque ces derniers commencèrent à envahir le Brésil. « Cette nation sauvage, disent-ils, devenue célèbre à force d'être « redoutable, doit l'origine de son nom au mot indien *tupan* qui signifie *tonnerre* ou « *maître universel*. Elle se composait de tribus différentes indépendantes les unes des autres, « portant des noms particuliers et des traits distinctifs. »

Je ne rapporte ici que les noms des principales, celles qui dominaient l'intérieur du Brésil :

« Les *Carios*, placés au sud de *Saint-Vincent*, possédaient Sainte-Catherine; les *Tamoyos*, au « sud de *Rio-Janeiro*, occupaient depuis ses environs jusqu'à Saint-Vincent; les *Tupinam-* « *bas* habitaient près d'eux comme alliés, et partageaient leur caractère et leurs usages; les « *Tupiniquins* étaient sur la côte de *Porto Sigouro* et *dos Ilheos;* les *Tupiniques*, que l'on « trouvait ensuite, ressemblaient assez à ces braves; les *cahetè*, sauvages et féroces, occu- « paient presque toute la côte de *Pernambouc;* les *Tabayarès*, de la même race, mais moins « féroces, en possédaient aussi une partie; enfin les *Pitagoarès*, les plus cruels *Tupiques*, se trou- « vaient au nord entre le *Rio-Grande* et le fleuve du *Paraïba*. Comme la langue tupique se « parlait le long de la côte, on l'appela *lingoa geral* (langue générale), ou *matrix* (mère). Le « R. P. Anchiéta, jésuite, en donna une grammaire très complète : c'est un dialecte du *Guara-* « *nis* considéré comme une langue mère. Anthropophages à l'égard de leurs prisonniers, ils « répandirent cet usage dans l'intérieur du Brésil (*). »

(*) J'ajoute une autre répartition moderne donnée récemment : « Le plus grand nombre des tribus sauvages se « trouvent maintenant rejetées aux deux extrémités du Brésil; celles qui habitent le centre sont presque entièrement « civilisées. C'est au sud qu'existent les nations les plus belliqueuses et les plus indépendantes. Le nord a été

Les enfants sauvages, et particulièrement ceux des *Botocoudes*, sont quelquefois jolis en naissant : ils se distinguent généralement par des yeux petits, une peau brune, des cheveux noirs, durs et roides. A peine le jeune *Botocoude* a-t-il des cheveux, que ses parents les lui rasent, et en lui laissent qu'une petite touffe sur le crâne, pour lui former une espèce de couronne. Le père,

« le refuge des fugitifs, qui commencent aujourd'hui à se souvenir de leur ancienne puissance. Mais c'est surtout
« au sud, sur les confins du Paraguay, que les nombreuses peuplades qui y sont placées profitent de tous les
« avantages offerts par la nature. Vivant au centre de ces contrées couvertes de troupeaux, les indigènes sont
« naturellement devenus pasteurs. Un grand nombre d'entre eux se sont faits cavaliers, parce qu'ils ont senti, dès
« le principe, que le cheval est la conquête la plus utile à l'homme ; je citerai, par exemple, les *Gouay-Courous*,
« dont les noms varient selon les tribus, mais qui cependant conservent les mêmes usages. Ces capitaineries, ar-
« rosées par des fleuves considérables, renferment des nations qui, ne se nourrissant que de poisson, naviguent
« continuellement sur leurs rivages. L'antique et puissante nation des *Payagoas* est de cet ordre ; bien affaiblie
« aujourd'hui, elle ne conserve que l'illustration de son nom.
« Une foule de tribus sauvages, dont les noms sont inconnus, existent dans l'immense province intérieure de
« *Motto Grosso*, théâtre des anciennes excursions fréquentes des nations précédemment nommées. Vers le
« bord de la mer, dans la direction sud, on trouve quelques faibles restes de peuplades peu importantes ; mais
« dans la partie occidentale de la province de Saint-Paul, les *Bogres*, qui dominent le territoire entre le *Tiété*
« et l'*Uraguay*, forment quatre peuplades distinctes, et commencent à se livrer à l'agriculture : leurs habitations
« sont presque semblables à celles des *Tupis*, parce que chacune d'elles renferme quatre ou cinq familles. Ils
« ne multiplient point les bestiaux et préfèrent la chair du cheval à celle du bœuf. Ils défendent leur position
« avec courage contre l'envahissement des Paulistes, qui ne peuvent ainsi s'étendre vers le couchant. La province
« de Sainte-Catherine possède quelques tribus peu redoutables par leur faiblesse ; elles sont encore une subdi-
« vision des *Bogres*, et comme eux font quelques incursions sur les récoltes des habitants. Dans la province de
« *Rio de Janeiro* il n'y a qu'un très-petit nombre d'indigènes, et tous civilisés. On trouve près de la capitale un
« petit village de *Tamoyos*, marins pour la plupart, et quelques *Goyatacazès*, retirés vers le centre. Mais dans
« les provinces voisines il y a un assez grand nombre de peuplades à demi civilisées. Dans l'intérieur vers
« *Minas Geraës*, on ne rencontre que quelques hordes de *Botocoudes* fugitifs. Ce fertile territoire est environné de
« contrées à peu près désertes, qui servent de refuge à des tribus sauvages. Les vastes déserts de la province de
« *Goyas* renferment un nombre considérable de tribus dont les noms sont entièrement inconnus ; celle qui a
« donné le nom au pays est presque éteinte. La nation que l'on peut considérer comme la plus importante est
« celle des *Cahans* (gens des bois), nommés *Cayabavas* par les *Gouaycourous*, qui les ont repoussés du territoire
« qu'ils habitaient. Vers l'Océan, dans la contrée couverte de forêts, entre *Rio-Janeiro* et *Ilheos*, on trouve un
« plus grand nombre d'indigènes que sur le reste de la côte, les uns réunis en villages, les autres errants dans les forêts ;
« les premiers *Tupiniquins* se livrent à la pêche ou à l'agriculture, formant des espèces de défrichements dans les bois,
« qu'ils abandonnent l'année suivante ; ils plantent le manioc et quelquefois le cotonnier. La paresse et l'insou-
« ciance font la base de leur caractère ; cependant ils sont braves et servent assez fidèlement les maîtres chez les-
« quels ils travaillent volontairement. Dans l'intérieur des forêts il existe des tribus inconnues qui refusent tout
« commerce avec les blancs. En avançant vers le nord on trouve plus de culture et moins de peuples sau-
« vages. Aux *Ilheos* il n'y a qu'un très-petit nombre d'indigènes, presque tous employés au service des colons.
« Dans la province de *Bahia*, il n'existe plus d'Indiens sur le bord de la mer, parce que la plupart furent anéantis,
« et que le reste a fui vers le nord, ou s'est retiré dans le centre. A *Sergipe del Rei*, on trouve deux peuplades
« fort peu civilisées, composées du reste des indigènes de la province de *Romarios* et des *Crococès* venus de la
« province de *Pernambouc* ; ces tribus ne s'allient point entre elles : leur principale industrie est la récolte du
« baume de copahu, qu'elles vendent aux Brésiliens. La province de Pernambouc, plus cultivée que les autres, ne
« laisse point d'asile aux sauvages, si ce n'est sur les bords du *Rio de San-Francisco*, ou dans le centre de quelques
« montagnes de l'intérieur : nous en citerons plusieurs villages des *Chucurus* Indiens à demi civilisés : dans le dis-
« trict des *Alagoas*, les *Acconans*, les *Carapotos*, et les *Carirys* faisant le commerce de poterie ; dans celui de
« *Parahyba*, les villages de *Cahètes* et de *Pitignarès*, presque tous chrétiens. Il n'y a plus de sauvages dans les im-
« menses plaines de la province du *Rio-Grande* du Nord, ainsi que dans celles du *Siara* et du *Piauhy*, où ils ne
« pourraient vivre à cause du manque de gibier. Nous signalerons particulièrement dans le *Siara* quelques bour-
« gades d'indigènes civilisés, descendants des *Tabajaras*, qui vénèrent encore le *Maracà*, divinité de leurs ancêtres.
« Dans le *Piauhy*, ce sont des pasteurs d'immenses troupeaux. La province du *Maranhaò*, contrée couverte de
« fleuves et de forêts, renferme un grand nombre de tribus sauvages qui ne sont pas bien connues des Brési-
« liens. C'est généralement dans la partie occidentale que l'on trouve un plus grand nombre de hordes barbares ;
« plus au septentrion, sont les *Gamellas* (*Botocoudes* sans *batoquè*), renommés comme dévastateurs des habitations
« de leur voisinage. Les *Timbiras* se livrent à la culture dans l'intérieur. Les immenses forêts du *Parà* recèlent
« une infinité de tribus sauvages qui n'ont jamais été visitées par les Européens. Quant à celles qui sont situées
« sur les innombrables rivages de l'Amazone, on en conserve une série de noms transmis par plusieurs voyageurs,
« tels que les *Jummas*, les *Maulàs*, les *Pammas*, les *Araras*, les *Mundrucus*, plus nombreux et plus connus : les
« uns, nomades, et les autres, un peu cultivateurs, perdent peu à peu de leur férocité.

selon sa volonté, choisit et donne à son enfant un nom caractéristique de plante, d'animal ou de quelque qualité physique.

Dans la première enfance, sa mère le porte constamment avec elle, soit en le tenant dans ses bras ou à cheval sur son cou : une large courroie, passée sous les cuisses de l'enfant et venant ceindre le front de la mère, lui aide ainsi à supporter la plus grande partie du fardeau sans l'emploi des mains. Lorsqu'il commence à manger, on le nourrit exclusivement de fruits, et aussitôt qu'il peut se soutenir, il est livré à lui-même.

Libre alors de sa volonté, uniquement guidé par son instinct, il essaie continuellement à faire usage de ses forces, et se traîne sur le sable jusqu'à ce qu'il puisse jouer avec un petit arc ; dès qu'il l'a entre les mains, il commence à s'exercer, et la nature fait le reste.

Ses progrès sont rapides : dès l'âge de quatorze ou quinze ans il est ordinairement admis comme chasseur. Cet honorable emploi lui fait acquérir parmi ses semblables le rang et les prérogatives dus à son sexe ; aussi commence-t-il à exercer le droit de s'approprier une ou plusieurs jeunes filles, parce qu'il est reconnu capable de les nourrir par son utile adresse. A cette époque il a déja contracté l'amour d'une vie libre et indépendante qui le charme jusqu'à sa mort.

Devenu homme, ses facultés intellectuelles se développent, et il se laisse dominer par une sensualité tout-à-fait brutale, qui n'altère cependant pas en lui un fonds de jugement très-fin et une présence d'esprit infiniment subtile. Tous ses sens ont une perfection qui étonne. Naturellement paresseux, il reste inactif dans sa cabane jusqu'à ce que la faim ou la vengeance le force à en sortir.

De sang-froid il agit le moins possible, faisant exécuter la plupart des travaux par sa femme et ses enfants ; car son amour-propre lui impose l'unique devoir de réserver ses forces et son courage pour la chasse et la guerre.

Privé des principes de la morale, il est esclave de ses penchants, de son instinct et de ses sens ; ne pardonnant aucune espèce d'offense, il ne manque jamais d'en tirer à la fin une réparation éclatante, ou, subitement emporté par la funeste explosion de ses passions farouches, il se livre sur-le-champ à la vengeance.

Toujours en butte à son inquiète et jalouse susceptibilité, à chaque instant il devient redoutable comme une bête féroce ; l'énergie de son caractère, qui tient de celui du tigre, lui fait patiemment comprimer sa haine pour épier l'occasion la plus favorable d'exercer une cruauté qu'il savoure avec toute l'atrocité d'un frénétique.

Belliqueux et turbulents, les *Botocoudes* sont constamment en querelle avec leurs voisins. Ils se rassemblent en troupes nombreuses, quelquefois pour repousser, le plus souvent pour attaquer les autres tribus sauvages : aussi, justement redoutés, ils vivent uniquement, pour ainsi dire, de la chair de leurs prisonniers, qu'ils dévorent avec rage, en insultant aux mânes de leurs victimes par des danses dont ils entourent leurs restes ensanglantés !

Lorsque le sauvage est arrivé à un certain degré de civilisation, montrez-lui de la bienveillance, de la franchise, souvent il y répondra par la fidélité et une espèce d'attachement. Cependant, malgré ces traits favorables de son caractère, il est toujours dangereux de se trouver en petit nombre dans les forêts, même avec les meilleurs d'entre eux : l'incident le plus léger, fût-il insignifiant en lui-même, suffit pour effacer tout souvenir de bienveillance et faire reparaître son caractère primitivement soupçonneux et hostile.

Devenu vieux, on l'entoure dans sa tribu de marques de déférence et de respect, on lui prodigue les soins les plus assidus, et chacun contribue à sa subsistance. Il vit mystérieusement retiré dans sa cabane, où il est servi par un jeune compagnon, fidèle exécuteur de ses ordres.

Son grand âge lui donne le droit de présider les assemblées générales, dans lesquelles on discute les intérêts de la peuplade, les questions de changement de station et de déclaration de guerre ; alors c'est lui qui est chargé de haranguer les guerriers au moment du départ ;

parfois même il les accompagne jusque sur le champ de bataille pour entonner l'hymne du combat, dont les paroles sont aussi énergiques que l'air sur lequel il est chanté est monotone : véritable psalmodie, qui monte et descend constamment sur trois ou quatre tons, et exécutée, pour comble, par une voix rauque et tremblotante.

Sa grande expérience le fait appeler en consultation près des malades ; alors il décide de la vertu des plantes curatives, et indique celles que l'on doit choisir, en prescrivant la manière plus ou moins superstitieuse d'en tirer des effets salutaires.

Dans les tribus les plus sauvages (chez les *Camacans Mongoyos*, par exemple), on laisse errer les malades tant qu'ils peuvent subvenir à leur nourriture, dans la persuasion que leur instinct naturel suffit à diriger leur guérison ; mais leurs forces s'y refusent-elles, on les fuit, on les abandonne à la mort, qui les surprend dépourvus de toute espèce de secours.

Dans d'autres tribus, au contraire, le malade est aussitôt mis à une diète rigoureuse, on lui administre quelques infusions ; chacun propose son curatif ; et quand, après avoir subi tous ces essais, souvent plus mortels que le mal lui-même, le patient est reconnu incurable, il est philantropiquement décidé par la réunion des médecins découragés, qu'on lui cassera la tête avec le *catalpé* (massue d'honneur), afin de terminer promptement ses souffrances.

D'autres, moins expéditifs et plus superstitieux, abandonnent le malade, qu'ils supposent ensorcelé.

Mais lorsque le sauvage n'a point été abandonné et a pu échapper à la dent de son ennemi ou à celle du tigre, il meurt dans sa hutte et il a l'honneur d'être enterré par sa famille. Tous les parents se réunissent autour de lui, et après une courte oraison funèbre, ils expriment leur affliction par des hurlements qui, chez les femmes, ressemblent aux contorsions de la folie. On couche ensuite le cadavre dans la fosse, qui souvent n'est que contiguë à la cabane, et on le recouvre de terre ; les hurlements recommencent alors ; ils se prolongent ainsi pendant le cours de la journée, et le lendemain tout rentre dans l'ordre : parodie abrégée de nos deuils mesurés à l'avance et finissant à jour fixe ! Chez le sauvage, cependant, la hutte du défunt reste inhabitée : l'affliction de nos héritiers civilisés ne va pas jusque-là.

Après la mort d'un *Botocoude*, on entretient pendant quelque temps du feu de chaque côté de son tombeau, afin de conjurer l'esprit malfaisant ; devoir important, et qui souvent oblige les parents à venir de fort loin remplir cette formalité religieuse.

Malgré l'accomplissement des devoirs funéraires, la répugnance des sauvages pour le voisinage des tombeaux est si grande, que la perte de cinq ou six membres de leurs tribus, enterrés, comme nous l'avons vu, dans leur cabane ou du moins fort près d'elle, suffit pour leur faire abandonner un point d'habitation.

Cette manière de traiter les hommes souffrants fait prévoir sans peine la manière dont le Brésilien sauvage traite aussi sa compagne ; sa rudesse à son égard ne va pas du moins jusqu'à la brutalité : pas de voies de fait en général. Les *Botocoudes* seuls, plus féroces que les autres peuplades indigènes, punissent par des coups la désobéissance de leurs femmes, et souvent, entraînés par la colère, ils poussent si loin le châtiment, qu'elles en conservent de profondes cicatrices.

Faut-il changer de station, c'est encore sur la femme que pèse le soin de réunir les ustensiles et les provisions ; le tout est renfermé dans les sacs de voyage que nous leur avons vu fabriquer, et qu'elles portent sur le dos. Cette charge, du reste, ne les dispense pas de conduire par la main les enfants en âge de marcher, sur les épaules desquels se cramponnent leurs plus jeunes frères incapables de les suivre à pied. Pendant le trajet, la troupe marche ordinairement sur une seule file.

Lorsque l'on campe de nouveau, ce sont les femmes qui de suite s'occupent d'allumer le feu ; travail long et pénible, pendant lequel elles sont obligées de se relayer. Dès que le feu est allumé, elles courent chercher dans les bois des branches de palmier et de cocotier sauvage, destinées à la construction de leurs cabanes.

Les matériaux une fois réunis en suffisante quantité, elles commencent à planter en terre ces immenses palmes dont les extrémités, recourbées vers le centre, se recouvrent en se croisant et forment par leur réunion une voûte impénétrable à l'humidité et aux rayons du soleil.

Le plan ordinaire de cet édifice est de forme ronde ou ovale, et offre la configuration d'un four fait en verdure. Les femmes (car elles seules s'occupent de ces travaux) épaississent encore ces murailles en y multipliant les rangs des branchages. La maison achevée, elles y portent les pierres qui doivent servir à entourer le foyer et à casser les petits *cocos ororos*, fort communs dans ces forêts, et dont les sauvages aiment beaucoup l'amande; elles portent ensuite le feu au centre de la cabane, puis repartent avec leurs enfants pour chercher du bois de chauffage, de l'eau, et préparer les vases nécessaires à la cuisson des aliments.

Pendant ces nombreux travaux, les hommes sont à la chasse; à leur retour ils abandonnent encore le gibier à leurs femmes, et en un instant il est vidé, flambé, coupé en morceaux et enfilé au bout de petites baguettes, espèces de broches obliques que l'on plante inclinées vers le foyer ardent.

A peine le campement est-il terminé qu'aussitôt les femmes reprennent leurs travaux ordinaires : elles fabriquent des vases d'argile qu'elles font ensuite passer au feu; elles utilisent aussi la coloquinte et les calebasses séchées qui, séparées en deux par le milieu, servent de tasses, dont le diamètre a parfois jusqu'à deux pieds; vases naturels, dont l'écorce a en outre l'avantage de résister à l'action du feu lorsqu'ils sont remplis d'une substance liquide.

A la fabrication des ustensiles de ménage succède le triage des plumes, auquel elles associent leurs enfants; elles s'occupent aussi de la filature du tissu destiné à la fabrication des hamacs, des sacs de voyage. Un autre genre de travail qui les intéresse plus personnellement est celui des objets qui forment leur parure, et ce n'est pas celui où elles donnent les moindres preuves de patience et de dextérité. Mais une occupation d'une bien plus haute importance, et qui est leur partage exclusif, est celui de la mastication de différentes substances végétales nécessaires à la composition des boissons spiritueuses, surtout du *caoü*, liqueur par excellence dont le sauvage s'enivre dans les divertissements.

La fabrication de cette espèce d'eau-de-vie de grains est aussi incroyable que dégoûtante : les femmes rassemblées sont occupées pendant plusieurs heures consécutives, à mâcher des grains de *maïs* (blé de Turquie) qu'elles crachent ensuite tout broyés dans un vase autour duquel elles sont rangées. Cette pâte singulière fermente ensuite dans l'eau chaude pendant douze à seize heures; après cette première préparation, on la reverse dans un plus grand vase de bois, dans lequel on la laisse encore fermenter mêlée à une plus grande quantité d'eau également chaude, et durant ces deux importantes opérations on a soin de l'agiter avec un grand bâton : la combinaison chimique est alors terminée. Cette liqueur excessivement spiritueuse, constamment faite sur le feu, doit être bue chaude encore. Du reste, la patate et la racine de manioc peuvent produire le même résultat : mais les femmes préfèrent la graine de *maïs*, plus agréable pour elles dans la première partie de cette ragoûtante préparation. Mais elle ne forme pas leur seule boisson spiritueuse; plusieurs fruits, comme l'*ananas*, la pomme du *cajou*, et beaucoup d'autres acides plus ou moins résineux, produisent par leur macération une liqueur extrêmement capiteuse, que les sauvages boivent même avec passion.

. Les femmes sauvages quelque peu civilisées ont un penchant marqué pour la parure; aussi, dans les échanges que leur proposent les voyageurs, recherchent-elles les colliers, les chapelets, les mouchoirs rouges surtout, et les petits miroirs, et même, parmi les *Tapoïas*, il existe des tribus chez lesquelles les femmes poussent la coquetterie jusqu'à se serrer la jambe avec des courroies, au-dessous du jarret et au-dessus de la cheville, afin de toujours conserver la finesse de ces articulations.

Quant au mariage, il n'est possible pour l'homme que lorsqu'il a donné des preuves de courage à la guerre ou ramené un prisonnier. La jeune fille peut se marier aussitôt qu'elle a atteint l'état ou plutôt l'âge de nubilité.

Chez les tribus les plus sauvages , chaque homme peut avoir autant de femmes qu'il est en état d'en nourrir, ce qui ordinairement en porte le nombre à trois ou quatre, rarement jusqu'à six. Le mariage résulte pour eux de la volonté des époux et du consentement des parents. La promesse de fidélité en est la seule clause; aussi l'adultère est-il en horreur chez la plupart de ces peuplades.

Les femmes se constituent par cet acte esclaves de leurs maris : elles doivent, s'ils l'exigent, les accompagner aux grandes chasses et même à la guerre. Cette soumission exclusive à la volonté de l'homme, conséquence prévue de leur union, leur fait éviter soigneusement le choix d'un époux colère; aussi les hommes violents ont-ils une peine infinie à se marier.

Leur fidélité, du reste, n'est pas obligatoire au-delà d'un certain terme: une absence trop prolongée du mari relève sa femme de son serment; elle peut fréquenter pendant ce temps un autre homme dont la chasse abondante lui fournit des subsistances momentanées.

Dans tous les cas cependant, un mari ne doit jamais trouver un homme chez sa femme : il a le droit alors de la punir en l'accablant de coups , et cette vengeance doit rester impunie.

Dans ses accès de colère conjugale, le *Botocoude* saisit, pour châtier sa femme , tout ce qui lui tombe sous la main, jusqu'à un tison ardent; parfois même, son bras sans pitié s'arme d'un couteau pour lui faire de larges entailles sur les bras et les cuisses. Ces cicatrices, souvent nombreuses et larges de six à huit pouces, répugnent à l'œil de l'Européen, moins par la mutilation qu'elles ont produites que par le souvenir de la cruauté du mari.

Les mariages sont quelquefois très-féconds; aussi, dès qu'un père jeune encore ou laissant des enfants en bas âge vient à mourir, ses parents prennent soin des orphelins; quant à la veuve, si elle est reconnue laborieuse , elle trouve facilement un nouvel époux.

Dans un grand nombre de tribus sauvages , les filles se livrent sans hésitation aux hommes civilisés : les parents eux-mêmes regardent comme un acte de généreuse hospitalité de les offrir aux voyageurs qui s'arrêtent parmi eux.

Cette coutume, si opposée à la moralité de nos convenances sociales, n'offre d'abord à l'imagination que l'idée d'une dépravation insignifiante; mais lorsqu'on pénètre le caractère du sauvage, on n'y voit que le désir très-prononcé de se procurer de la race d'un nouvel individu qu'il suppose doué de qualités qu'il veut transmettre à sa progéniture, afin d'améliorer sa race. Et ce qui me confirme dans cette pensée, c'est la reproduction des mêmes faits au retour de leurs guerriers après une bataille glorieuse ou une chasse abondante. On voit à ce moment tous les parents s'empresser d'offrir des jeunes filles aux héros de l'expédition qui ont fait briller de précieuses qualités.

Toujours occupé de repousser son ennemi ou de combattre les bêtes féroces, les efforts du sauvage se bornent uniquement à joindre la force et le courage à la ruse, ressource indispensable à son existence toujours menacée; et en cela il obéit à l'influence instinctive de la nature, qui, dans sa position, est et doit être le seul sentiment de sa conservation, puissante garantie de la reproduction universelle.

Quant à l'extérieur du sauvage, c'est un mélange de tristesse et d'apathie : son regard farouche, qui se promène avec inquiétude sur tout ce qui l'environne, décèle un œil observateur et défiant; mais, à ce calme apparent, vaincu souvent par son organisation physique, succèdent subitement des mouvements d'une joie convulsive qu'il manifeste par des chants, des cris, des contorsions, à la suite desquels il s'élance en sautant.

Le caractère du sauvage n'offre aucune trace de propension ni à cette délicatesse de sentiment affectueux, ni à ce luxe d'amour et de passion raffinée, qui, chez nous, rapproche parfois la civilisation de la corruption; l'amour pour le sauvage, c'est le besoin peut-être autant que le charme sympathique du rapprochement des deux sexes.

C'est surtout dans la partie méridionale du Brésil que se rencontrent quelques nations sauvages dont la douceur est le caractère dominant: peu à peu rapprochées des blancs, elles vivent dans un véritable état de civilisation; aussi est-ce particulièrement sur ces naturels que l'amour agit avec plus de violence : à certaines époques de l'année, cette passion leur cause de si cruelles insomnies qu'ils cherchent à la paralyser par des substances soporifiques (*) qui les plongent pendant plusieurs jours dans les ravissantes illusions d'un sommeil extatique. Mais lorsqu'à la fin, poursuivis par des desirs toujours renaissants, ce besoin de volupté qu'ils ne peuvent satisfaire les épuise, ils renoncent à la vie et, s'éloignant de leur demeure, se vont pendre de désespoir à un arbre de la forêt voisine.

La guerre, cette autre passion du sauvage, n'a besoin que du moindre prétexte pour éclater : un empiétement commis sur un terrain de chasse, une insulte faite à un chef de famille, provoquent une guerre en règle. Les *Botocoudes* ont une seconde espèce de combat, nommé *giacacoa,* qui se propose pour réparer l'insulte faite à un membre distingué d'une autre famille, ou vider une querelle domestique à laquelle des parents auraient pris part, et se seraient trouvés divisés par deux opinions.

Le *giacacoa* est un combat singulier, qui s'exécute avec des bâtons pour armes. Le champion du parti offensé commence le premier à frapper son adversaire, jusqu'à ce qu'il soit fatigué de lui porter des coups; ensuite le battu, qui jusqu'alors n'avait fait que les parer, use à son tour de représailles autant que ses forces le lui permettent : les deux combattants se reposent ensuite, et deux autres engagent une lutte semblable à la précédente. Ces sortes de combats qui, grotesquement, rappelleraient assez bien une scène de nos marionnettes ambulantes, se succèdent jusqu'à ce que tous les individus des deux partis aient éprouvé leur force et leur courage. La lutte cessé au signal donné par le chef du parti offensé, et chacun se retire précipitamment couvert de meurtrissures et de sang.

Une guerre en règle, ou grand combat, se déclare par un défi porté et rendu de part et d'autre, accompagné d'imprécations les plus énergiques Les sauvages ne se livrent point de batailles rangées : presque toujours resserrés dans les forêts, ils se mettent en embuscade pour se surprendre réciproquement. Leur tactique ordinaire, assez analogue à la marche de nos siéges, consiste à cerner peu à peu le hameau de leur ennemi et à l'incendier de nuit; alors ils tombent sur la population épouvantée, et la massacrent à la faveur du désordre et de l'obscurité. Les partis se poursuivent à outrance, cherchant surtout à faire des prisonniers qu'ils ramènent avec eux pour les dévorer, et c'est dans cet horrible repas qu'ils finissent d'assouvir leur vengeance et leur haine.

La résistance dure autant que les munitions, c'est-à-dire seulement jusqu'à ce qu'on ait lancé toutes les flèches; aussi le parti le plus nombreux reste-t-il toujours victorieux.

Un cri horrible accompagne chacune des attaques, et lorsque les combattants en viennent aux mains, ils se servent également de leurs ongles et de leurs dents, pour s'entre-déchirer.

Le guerrier sauvage prend peu de distraction, il cherche toujours à entretenir son ame dans une exaltation belliqueuse : constamment occupé des ruses de guerre, elles forment le sujet de ses conversations journalières avec ses camarades, et plus particulièrement se mêlent aux repas qu'elles animent en provoquant le bonheur de dévorer son ennemi. Tout plein de son sujet, le guerrier suppose, dans sa fureur, que le morceau de chair qu'il tient sous sa dent est déja un débris de sa victime! Son cœur est toujours gonflé de rage et de vengeance, et sa bouche ne profère que des cris de guerre ou de défi; et si enfin il se permet une distraction, un divertissement, ce n'est qu'après une chasse heureuse ou une éclatante victoire.

---

* *O bicho de taquarà* (le ver du bambou). Cet insecte se trouve dans l'intérieur du bambou lorsqu'il fleurit. Il est blanchâtre et long comme la moitié du doigt. Sa tête est regardée comme un poison dangereux, et le tube *intestinal* est le soporifique dont les sauvages se servent. Le reste de l'animal, dépourvu de ces deux parties dangereuses, offre une substance molle et blanchâtre enveloppée d'une peau transparente qui, lorsqu'elle est cuite, rappelle la douceur de la crème, et devient un mets très-recherché par les sauvages. (M. A. de Saint-Hilaire.)

Le divertissement le plus ordinaire est la danse. Ce n'est la plupart du temps, chez les sauvages, qu'une promenade à petits pas, faite à la file les uns des autres en sautant alternativement sur un pied et sur l'autre. La mesure est réglée par la musique, dont le mouvement modéré se marque par deux coups précipités d'abord, et un plus lent ensuite. Leur chant n'est autre chose qu'une syllabe articulée sur deux tons successifs, en suivant chaque temps de la mesure.

Leurs instruments se composent de différents corps sonores, comme des coloquintes sèches, ou des écailles de tortues, etc., qu'ils tiennent d'une main, comme nos triangles, et sur lesquelles ils frappent de l'autre avec un bâton.

La file de danseurs, composée d'hommes et de femmes, tourne sans discontinuer autour d'un énorme vase de plus de deux ou trois pieds de haut, et d'une largeur proportionnée, qu'ils ont préalablement rempli de l'appétissante liqueur nommée *caouï*.

Rien ne saurait arrêter leurs danses, pas même la chaleur du jour; seulement lorsque la sueur ruisselle de leur corps, ils s'arrêtent par intervalles pour puiser de la liqueur avec un fragment de coloquinte en guise de tasse, et prennent ainsi de nouvelles forces, pour continuer leurs exercices, qui se prolongent pendant la nuit et jusqu'à ce qu'enfin ils aient vidé le vase. (Cette danse est celle des *Coroados de Minas Geraës*.) Dans les occasions solennelles, ces divertissements se prolongent même pendant plusieurs jours et plusieurs nuits de suite. Ils y mêlent seulement, pour varier leurs plaisirs, des exercices de force et d'adresse ainsi que des joutes de natation.

Les femmes, comme jadis nos châtelaines dans les tournois, donnent les louanges dues aux vainqueurs, et ces hommes, en apparence si apathiques, résistent à donner pendant plusieurs jours de suite la preuve d'une force et d'une agilité infatigables. C'est ainsi que lorsqu'ils sont inondés de sueur, ils vont se précipiter dans les fleuves pour se rafraîchir; imprudence qui produit sans cesse les plus graves accidents, dont la mort souvent est la suite. Une observation remarquable, c'est que ces divertissements ne donnent aucun motif de querelle entre eux.

Quant à leur langage, on trouve, dans toutes les parties du Brésil habitées par les blancs, des tribus de sauvages civilisés qui parlent un peu la langue portugaise; mais l'idiome national a toute la simplicité et la rudesse qui caractérisent les langues barbares en général.

N'ouvrant que très-peu la bouche en parlant, le son nasal et guttural domine dans leur langue, qu'ils prononcent en coupant brusquement la fin des mots.

Pénètre-t-on dans l'intérieur du Brésil, on est surpris de trouver des peuplades qui, rapprochées les unes des autres, parlent un langage absolument différent. Ce phénomène s'explique par l'histoire du Brésil. Ces peuplades, en effet, se trouvent aujourd'hui disséminées au hasard, autant par suite de leurs guerres intestines, que par l'invasion des Européens sur leur territoire. Le voyageur, qui ne voit ces espèces de colonies qu'en passant, est seulement frappé de la pauvreté de leur idiome; mais la langue mère des peuples *Toupis*, qui est un dialecte de celle des *Guaranis*, a offert aux savants glossateurs de précieux éclaircissements à ce sujet (*).

Les différentes tribus de *Tapouyas*, par exemple, parlent une langue tout-à-fait différente de celle de leurs voisins immédiats, avec lesquels ils sont continuellement en guerre.

L'antique race presque civilisée des *Kariris*, qui habite aux environs de *Bahia*, possède une langue particulière dont il existe une grammaire (**).

En considérant attentivement les innombrables divisions de la race des *Tapouyas*,

(*) Jean Lery, Marc Graf.
(**) Le P. Mamiani, jésuite. M. Eschwège, son ouvrage sur le *Pouris, Coroados* et *Coropos*.

qui toutes diffèrent entre elles par le langage, on y trouvera cependant un grand nombre de mots et de noms qui en rappellent l'analogie, la commune origine. Par exemple, le mot consacré à la dénomination de l'Être suprême, *Toupa*, ne subit que la seule altération de l'N, *Toupan*.

Toutes ces différences proviennent originairement de l'imperfection ou de la paresse organique de quelques individus qui ont altéré la prononciation, et, par suite, la composition extérieure des mots, au point d'en faire disparaître l'étymologie. Il y a de certaines tribus qui prononcent les finales d'une façon toute française; d'autres, au contraire, les rendent entièrement à la manière allemande.

Une peuplade parle du nez (les *Machacalis*); une autre du gosier (les *Camacans Mongoyos*); une troisième du nez et du gosier tout à la fois (les *Malalis*); une quatrième ne fait presque aucun usage de ces deux organes (les *Patachos*); enfin une cinquième parle de la gorge et du palais (les *Camacans* civilisés *Meniengs*, ainsi appelés par les Portugais).

Il est très-difficile de transcrire la prononciation de ces sauvages civilisés, parce que la honte les empêche de répéter d'une manière assez énergique le mot qu'on leur demande, pour essayer d'y appliquer une orthographe intelligible.

Les traditions portugaises offrent des inexactitudes dont il faut accuser l'élégance de leur prononciation qui altère beaucoup de finales ; par exemple : *kerengeat* (tête) se trouve écrit en portugais *kerengeati*, etc.

Le *Botocoude* emploie beaucoup le son nasal et néglige le guttural; son langage renferme beaucoup de voyelles, et les consonnes s'y confondent souvent: l'R se prononce comme l'L, et le G se fait sentir à la fin des mots. Lorsqu'il prononce *mbaya*, *mboreli*, la première lettre ne s'articule presque pas, et se rend par un léger soufflement de narines.

Son idiome, semblable à celui de toutes les langues primitives, consiste en nombreuses onomatopées, et exprime par l'augmentatif ou le diminutif la plus ou moins forte intensité de l'action : ainsi, *parler*, se dira *ong; chanter, ong ong;* la répétition du mot en ce cas prouve que le chant est une progression de la parole; *fusil, poung;* tirer *un coup de fusil, poung poung.* Dans cette expression il observe la même répétition du mot, pour exprimer le fusil d'abord, plus la détonation, ou peut-être l'imitation du bruit répété par l'écho. Il exprime le fusil à deux coups comme deux fusils, ainsi de suite.

Un autre exemple, par l'ingénieux enchaînement de conséquences qu'il présente, fera juger de la précision de son esprit. Le mot indien *tarou* exprime tout principe lumineux; *tarou* veut donc dire *le soleil*, et *tarou* veut dire également *la lune*. Comment fera-t-il donc pour exprimer le *soleil levant?* il dira *tarou té ning* (*soleil au venir*); et pour le *soleil à midi, tarou niep* (*soleil assis*). Quant à cette fixité du soleil, il la tire de la comparaison qu'il fait du mouvement apparent d'ascension du *soleil levant*, très-prononcé d'abord, et devenu moins sensible lorsque cet astre plane sur sa tête. Enfin, son déclin vers l'horizon, il l'exprime par *tarou te mong* (*soleil au s'en aller*). Veut-il exprimer un temps couvert? il dit : *tarou niom* (*soleil blanc ou nuagé*). S'agit-il d'établir une distinction entre le soleil et la lune? il ajoute au mot *soleil, pendant qu'on est privé de manger*, parce qu'en effet il ne mange pas pendant la nuit. Cette privation de manger, chez les *Botocoudes*, s'exprimant par le mot *la faim*, ils en font *tatou te ton* (*soleil de nuit* ou *de la faim*). La nouvelle lune, c'est *tarou-him* (*la lune noire*), et le soleil, généralement parlant (*soleil qui court dans le ciel*). Pour exprimer le tonnerre, ils disent *tarou-té couong* (*soleil du rugissement*), et l'éclair *tarou-té meren* (*soleil du clignotement*), ou qui fait remuer les paupières.

C'est ainsi que le sauvage communique ses pensées par un tissu de rapprochements et d'analogies, pour ainsi dire, dont les combinaisons, véritablement poétiques, décèlent un esprit observateur et des sensations très-délicates, dont le charme lui fait aimer ses habitudes sauvages et craindre la civilisation qui les émousse. Tirez-le, en effet, de ses forêts qui furent son berceau, cherchez à le façonner à la société européenne, il se plie à cette gêne, il s'y résigne, mais pour un temps seulement, et toujours en regrettant le lieu de sa naissance; car bientôt il s'enfuit mécontent du sort qu'on a voulu lui faire, et qu'il ne regarde pas comme un progrès. Je vais finir cette esquisse par un trait frappant entre mille : un riche habitant de la ville de *Bahia* avait élevé un jeune Indien, doué naturellement d'une grande intelligence. Instruit avec soin, divers succès avaient même couronné le cours de ses études, lorsqu'enfin il demanda par vocation à entrer dans les ordres : on le lui accorde; mais, le jour même de sa première messe, il se dirige vers les forêts que son cœur regrettait en silence, et disparaît pour ne plus revenir.

Planches 1, 2, 3.

Kamacans.

Parmi les sauvages brésiliens connus sous le nom générique de *Kamacans*, on distingue la tribu des *Mongoyos*, héritiers du caractère primitif de la race célèbre des *Tapouyas* (*), dont ils se montrent les dignes descendants par une valeur et une adresse particulières.

Retirés dans la profondeur des sombres forêts, où ils allèrent cacher leur honte et leur désespoir, après l'inutile mais courageuse et opiniâtre défense de leur territoire envahi par les Portugais, on les trouve encore, quoique disséminés maintenant, toujours aussi jaloux des charmes de l'indépendance; et ces sentiments d'inquiète défiance, d'amour de la liberté, d'attachement au sol natal, ont toujours une telle puissance chez les plus sauvages des *Mongoyos*, qu'ils s'effraient d'une simple visite dans les cantons civilisés, ne séparant jamais l'idée d'hommes blancs de l'idée de tyrannie. Isolés ainsi sous leurs toits rustiques, ils frémissent encore aujourd'hui au souvenir des invasions européennes; et cette tradition de défiance et de haine transmise d'âge en âge, semble avoir puisé une nouvelle force dans les trois siècles qui l'ont nourrie. Aussi à l'approche d'un voyageur étranger, leur premier soin est-il encore de cacher leurs jeunes enfants, et surtout les enfants mâles, toujours poursuivis de la crainte héréditaire des cruautés du quinzième siècle.

Les forêts du *Sertão*, contiguës aux *Minas Geraës*, sont le siége principal de cette étonnante peuplade de guerriers, et les bords du *Rio Piabanha* servent de limites à leur territoire et aux excursions des *Patachos* leurs voisins. C'est là que vous rencontrerez les petites bourgades où ils vivent dans un état tout-à-fait sauvage, se nourrissant de chasse, et souvent assez peu délicats dans le choix de leurs aliments, pour manger la viande même putréfiée. Ceux des *Mongoyos* qui se sont laissés aller pour ainsi dire à un premier degré de civilisation, cultivent quelques plantes nutritives; mais c'est surtout dans les villages civilisés que l'on peut observer avec intérêt la construction de leurs cabanes, faites de bois et de terre, ainsi que la solidité de leurs toitures, revêtues d'écorces d'arbres.

Peu distantes les unes des autres, ces habitations sont toujours environnées d'un bocage touffu de bananiers : un peu plus loin, s'étendent leurs plantations, composées du *maïs*, aux grappes nourrissantes, des *patatas*, tubercule sucré; du *manioca*, arbuste aux racines farineuses qu'ils mangent rôties sur les charbons; du *cajou*, cet arbre aux fruits rafraichissants d'une saveur tout à la fois sucrée et légèrement acidulée; et enfin du cotonnier, si précieux pour les deux hémisphères par l'enveloppe de sa graine, et là si utile à leur délicate industrie.

Chacune de ces petites propriétés est confiée à la garde de chiens dressés à cet usage, seuls animaux domestiques dont les *Kamacans* se soient fait une société à l'exemple des Européens. Les colons, trouvant en eux des ouvriers habiles au défrichement, les ont mis ainsi à portée de connaître leurs habitudes. Leur talent consiste surtout à se servir de la hache avec une dextérité telle, qu'en peu d'instants ils parviennent à renverser les plus gros arbres.

---

* Tapouyas, *ennemis* en langue sauvage, appelée générale.

Leur civilisation, beaucoup plus avancée que celle des *Patachos* leurs voisins, leur a depuis long-temps assuré la paix avec les Brésiliens d'origine portugaise. Leur adresse comme archers, appliquée au maniement du fusil, en fait, sous le commandement des blancs, d'utiles auxiliaires pour repousser les *Botocoudes* sur le *Rio-Pardo ;* et leur courage garantit toujours un grand nombre de prisonniers au retour de ces expéditions.

Leur teint est d'un brun jaunâtre foncé, qui n'exclut pas un physique assez généralement beau. Robustes et musculeux, ils vont entièrement nus comme les *Botocoudes*, mais ils portent la chevelure longue et tombante jusqu'aux hanches; quelques-uns cependant, dérogeant à cet usage, coupent leurs cheveux au niveau de la nuque. Non contents de n'avoir pas de barbe au menton, ils ont l'habitude de s'épiler entièrement; quelques-uns même vont jusqu'à se couper les sourcils; mais tous sans exception se peignent le corps, pour se parer pendant les jours de fête, et ne manquent jamais de faire cette toilette lorsqu'ils veulent recevoir avec cérémonie les étrangers qui les visitent, et qu'un accueil amical attend toujours chez les *Mongoyos* quelque peu civilisés.

Dans leurs rares maladies, ils emploient peu de médicaments, composent pour se traiter quelques emplâtres d'herbes mâchées, administrent à leurs malades différentes décoctions, et apprécient l'usage salutaire des bains.

La mort, malgré leurs soins, enlève-t-elle un de leurs parents, ils consacrent quelquefois plusieurs jours à venir exprimer leurs regrets par des cris de douleur qu'ils poussent par intervalle, la tête affectueusement inclinée sur le cadavre. Le mort le plus regretté est aussi celui qui est resté le plus long-temps exposé aux regrets dans sa cabane, c'est-à-dire jusqu'à l'état de putréfaction. Avant de procéder à l'inhumation du cadavre devenue alors indispensable, on met d'abord dans la fosse une tasse nommée *couï*, ensuite une petite marmite de terre remplie de *caouï*, liqueur spiritueuse dont nous avons décrit la singulière préparation, et on y ajoute un arc et des flèches. On dépose alors le corps sur ces objets, expression de la croyance des sauvages à une prolongation de besoins au-delà de la vie. On comble ensuite la fosse, et après avoir égalisé le terrain, on y élève un bûcher, auquel on met le feu pour écarter sans doute les esprits malfaisants.

Pénétrés de vénération pour les ames, les *Kamacans* poussent la foi à leur immortalité jusqu'à la métempsycose. Les orages ne sont plus dès lors que la voix des ames en courroux, et les *onces* (tigres) la forme qu'elles empruntent pour se venger des mauvais traitements qu'on leur a fait éprouver ici-bas.

On trouve encore sur les bords du *Rio de Bel-Monte* une tribu de *Kamacans* très-civilisés, appelée par les Portugais *Menians ou Meniengs ;* mais ils se sont croisés tant de fois que leur peau est noirâtre, et leurs cheveux crépus comme ceux des nègres : leur langage même est dégénéré comme eux, et à peine quelques vieillards parlent-ils encore le *kamacan-mongoyo*.

Planche 4.

Coroados.

Suivant l'opinion d'un écrivain très-respectable, les sauvages du Brésil appelés *Coroados* seraient les anciens *Guaytokazès*. Ce nom de *Coroados* (couronnés) leur fut primitivement donné par les Portugais à cause de la coiffure de leurs chefs, qui, effectivement, se coupent les cheveux de manière à se réserver une espèce de couronne isolée sur le sommet de la tête; cependant, beaucoup d'entre eux portent la chevelure négligemment pendante sur les épaules. Ils se confondent souvent avec les *Coropos*, et ces deux nations presque semblables, fragments de la grande race des *Tapouyas*, s'unissent pour faire la guerre aux *Purys*, qui les poursuivent sans cesse, quoiqu'issus de la même origine. Tous les *Coropos* et la plus grande partie des *Coroados* sont civilisés. L'aspect de leur figure, dont les traits sont singulièrement prononcés, rappelle le caractère primitif de leur ancienne race.

A six lieues de *Campos*, on trouve dans les prairies, sur les rives du *Paraïba*, l'*Aldea de San-Fidelis*, village entièrement formé de cette population. Il fut fondé en 1776 par quatre missionnaires, capucins italiens, qui, à l'aide de ces sauvages civilisés, employés comme ouvriers, y élevèrent une église bâtie en briques et recouverte d'un enduit de chaux. L'intérieur du monument est orné de peintures à fresque et de figures sculptées en terre cuite, exécutées par les missionnaires. Ces artistes improvisés n'eurent d'autres ressources que les terres du sol qu'ils habitaient, pour confectionner ce travail admirable, dont un des fondateurs subsiste encore, dernier débris de cette pieuse colonie. Frère Thomas de Cérel, homme vertueux, qui, avec lui, avait survécu à leurs compagnons, mourut en 1824, à l'âge de 60 ans, et est encore aujourd'hui regretté des sauvages qu'il instruisait.

Il existe quelques familles de *Coroados* dans l'*Aldea de Pedra*, sur les bords du *Paraïba* supérieur. On en trouve aussi dans les forêts voisines du *Rio Bonito*. Généralement d'une stature peu élevée, ils ont la tête énorme, aplatie au sommet, et enfoncée dans de larges épaules; leur peau est terne et d'une couleur bistrée : un air stupide ajoute encore à cette laideur.

On cite deux autres hordes sauvages mélangées, les *Tampruns* et les *Sasaricons*, également appelés *Coroados*, à cause de leur coiffure. Enfin on en rencontre depuis le *Paraïba* jusqu'au *Rio Preto*. Les uns, entièrement nomades, vivent de chasse; d'autres, un peu plus civilisés, rassemblés par familles, forment de petits hameaux épars dans les forêts situées à trente ou quarante lieues de la capitale, où on les voit vêtus des débris de vêtements reçus en paiement de leur travail chez les propriétaires brésiliens qui les occupent comme ouvriers. Quelques-uns ont même reçu le baptême.

Chez les moins instruits, les huttes sont des espèces de berceaux recouverts de feuilles de palmier, qui ne s'élèvent pas à plus de quatre pieds de hauteur.

Chaque famille y élit son chef, et tout homme peut changer de femme au gré de son caprice.

Les plus civilisés, fixés à l'extrémité méridionale de la province de *Saint-Paul*, possèdent des villages dont les maisons sont assez bien construites en bois et en terre.

Les *Coroados* avaient anciennement la coutume d'enterrer leurs chefs d'une manière particulière : la dépouille mortelle de ce chef révéré était renfermée dans un grand vase de terre cuite nommé *camucis*, que l'on enfouissait assez profondément au pied d'un grand arbre. On en découvre quelquefois aujourd'hui dans les défrichements.

Ces momies, revêtues de leurs insignes, sont parfaitement intactes, et sont toujours placées, dans leur urne funéraire, de manière à conserver l'attitude d'un homme assis sur ses talons, position habituelle du sauvage qui se repose. Voudraient-ils par là faire une allusion à la mort, cet éternel repos ? C'est ce que le faible développement de leur intelligence ne permet guère de supposer. Le peu de place que le corps occupe dans cette position explique plutôt la préférence donnée à cette attitude.

Planche 5.

Cabocles ou Indiens civilisés.

Dans la province de Rio Janeiro, on donne le nom générique de *Cabocle* à tout Indien civilisé, c'est-à-dire qui a reçu le baptême. Nous citerons, pour exemple, la population de l'*Aldea* de *San Lourenz*, située à peu de distance de la capitale de l'empire. Ce village indien, fondé en 1567 par un gouverneur portugais, se composa, dans le principe, de la réunion de diverses races sauvages déja civilisées, auxquelles, peu d'années après, les jésuites ajoutèrent les *Guaytakazès*, qu'ils venaient de convertir ; on retrouve aujourd'hui dans le même lieu les descendants de ces Indiens catholiques, vivant de leur industrie, dont ils importent, à Rio Janeiro, les produits, composés de poterie de terre et de différentes espèces de nattes faites de roseaux. Ces *Cabocles* s'adonnent également avec succès à la navigation ; plusieurs même logent avec leurs familles à l'arsenal de la marine, comme spécialement employés au service des canots particuliers de l'empereur du Brésil.

L'observateur qui visite successivement toutes les cabanes de *San Lourenz*, y retrouve, même aujourd'hui, la conservation intéressante des usages particuliers qui distinguaient entre elles les différentes races sauvages fondatrices de ce hameau, lors de leur primitive réunion.

Pour le coucher, par exemple, il trouve chez les uns le *hamac ;* chez les autres, au contraire, c'est une natte étendue sur un bois de lit rustique très-solide, qui se compose de quatre pieux enfoncés en terre, sur lesquels sont assujetties quatre fortes traverses, formant un cadre qui en supporte un plus grand nombre de petites : le tout solidement attaché par des *cipòs*, lianes dont la grosseur variée correspond à toute espèce de corde employée en Europe.

Ce véritable divan, placé tout près de la muraille, occupe un, deux, et même quelquefois trois côtés de la cabane.

Fabricants de nattes, ils en multiplient l'emploi au besoin : d'abord et généralement en les étendant par terre en guise de tapis, pour se préserver de l'humidité lorsqu'ils se tiennent assis dessus ; de plus, en les suspendant, soit pour fermer les ouvertures de leurs maisons, soit comme cloisons, pour en former les séparations intérieures.

L'attitude extraordinaire de *l'archer indien* qui fait le sujet du dessin (n° 5), peut donner une preuve complète et irrécusable de leur singulière adresse.

Croirait-on que se tenir couché sur le dos, lancer ainsi vigoureusement une flèche, et d'une manière presque incroyable pour nous, n'est pour le *Cabocle* qu'un simple exercice d'adresse, offert aux regards des voyageurs étrangers qui le visitent ? Il choisit toujours le plus petit de ses arcs pour exécuter ce tour de force : ensuite, pour continuer de captiver l'admiration des spectateurs, par opposition il se relève, et debout, le corps extrêmement déployé, il décoche sa flèche perpendiculairement au-dessus de sa tête, de manière à ce qu'elle retombe près de ses pieds, dans l'intérieur d'un cercle tracé par terre, et dont il occupe le point central.

Ces épreuves, qui réussissent constamment, sont connues de tous ceux qui ont parcouru la province de *Canta-Gallo*.

Ces habiles chasseurs sont très-recherchés des voyageurs étrangers naturalistes, qui les utilisent comme compagnons indispensables de leurs excursions, à travers les forêts vierges,

non seulement pour se procurer les animaux sauvages, dont ils connaissent parfaitement les habitudes, mais encore pour subvenir par leur adresse à la nourriture de toute la caravane. Il suffit pour cela de partager avec eux la petite provision d'eau-de-vie, si salutaire aux chasseurs forcés de dormir au pied des arbres pendant les nuits humides.

Quelques-uns s'engagent à vous escorter pendant un temps limité; d'autres, que le hasard fait rencontrer, vous accompagnent seulement d'une distance à une autre.

Planche 6.

Les *Cabocles* qui font le sujet du n° 6 (famille du précédent) habitent aux environ de la ville de *San Pedro de Canta-Gallo* (province de Rio Janeiro), et vivent presque sans industrie, quoique civilisés. Ils font seulement quelques corvées, en qualité de cultivateurs, chez les riches propriétaires du pays, qui les paient en leur donnant de l'eau-de-vie de canne (*cachaça*) et différents comestibles, etc.

Les voyageurs qui vont les visiter leur portent toujours quelques présents, en retour desquels ils offrent des arcs et des flèches.

L'épisode représenté est l'arrivée de deux voyageurs européens, introduits dans un village de *Cabocles* par un chasseur de cette même famille, auquel ils ont donné une bouteille d'eau-de-vie pour protéger leur réception.

La pantomime des femmes exprime le mouvement de pudeur qui leur est naturel en pareille circonstance. Déja effrayées par l'aboiement des chiens, l'une se cache le haut du corps, en le couvrant de ses longs cheveux noirs ramenés en avant, tandis que l'autre, assise près d'elle, s'efforce, par modestie, de rapprocher son pied vers la partie qu'elle veut soustraire aux regards des étrangers; la nourrice, immobile, sacrifie tout autre sentiment au devoir maternel qui devient son excuse.

Le chef de la bourgade, placé dans le fond de la scène, est assis par terre, entouré de jeunes Indiens qui écoutaient ses narrations, interrompues par ce nouveau motif de distraction. Ce personnage, plein de vanité, et conservant imperturbablement sa noble attitude, attendra l'approche des visiteurs, pour répondre laconiquement à leurs nombreuses questions; répondra, dis-je, parce que ces Indiens civilisés, un peu familiarisés avec la langue portugaise, en connaissent assez de mots pour se faire comprendre, surtout des personnes accoutumées à leur prononciation défectueuse, et souvent corrompue par la bizarre transposition de certaines lettres qui la rend presque inintelligible.

Tous les autres groupes rappellent les habitudes de l'homme sauvage, constamment occupé de sa nourriture; aussi les femmes sont-elles rassemblées autour d'une provision de fruits. Le petit *Cabocle*, assis sur ses talons, boit à l'aide d'un roseau.

Sur le terrain élevé qui sert de fond à la scène, on aperçoit le *rancho*, cabane placée près d'un arbre, dont l'énorme tronc divise l'entrée en deux parties, dont une se ferme pendant les coups de vent.

Une seule cabane suffit à une nombreuse famille pour s'y loger.

Ils ont la coutume de camper sur les hauteurs, pour surveiller les environs de leur habitation, et se défendre plus facilement en cas d'attaque.

PLANCHE 7.

Chef de Bororenos partant pour une expédition.

Les *Bororenos*, appelés *Bogres* par les habitants de la partie sud du Brésil, qui redoutent leur activité guerrière, se laissent emporter à de fréquentes excursions, toujours funestes aux habitations rurales des planteurs.

Le sujet représenté dans cette lithographie est le départ d'un chef de *Bororenos* à la tête de sa troupe, armée pour une attaque nocturne.

Ces expéditions sinistres deviennent d'autant plus désastreuses, qu'indépendamment de l'arc, de la flèche et de la massue qu'ils emploient avec une incroyable intrépidité, leur génie malfaisant leur a suggéré une machine incendiaire, composée d'une branche de pin enveloppée de filaments de *tucum* et d'*embir*, excessivement combustibles, qui communiquent facilement leur flamme au bois résineux auquel ils sont enlacés.

A peine l'action est-elle commencée, qu'ils lancent à la fois plusieurs de ces brandons ardents sur les toits, presque toujours faits de feuilles de palmier, et embrasent ainsi, en un instant, toute l'habitation, dont les propriétaires ont à peine le temps de s'enfuir en abandonnant les restes de leurs biens au pouvoir de ces barbares.

Deux de ces machines, toutes préparées, sont portées par les sauvages qui suivent immédiatement leur chef ; et sur le plan le plus éloigné, le tambour rappelle le reste des partisans qui doivent se rallier à l'avant-garde déja formée.

Vers l'année 1815, un spéculateur, Brésilien philantrope, encouragé par les médecins de la cour, entreprit de faire creuser des baignoires près d'une source d'eaux thermales située dans une des chaînes de montagnes qui dominent l'île de Sainte-Catherine. Déja quelques heureux résultats connus commençaient à faire fréquenter cette précieuse institution sanitaire, dont l'isolement était seulement protégé par un petit poste militaire, qui en était peu éloigné.

Mais cette force armée scandalisa les *Bogres*, retirés dans les forêts environnantes. Irascibles et constamment excités par leur inquiète jalousie, ils résolurent l'anéantissement du poste européen, comme unique et plus sûr moyen de discréditer le nouvel établissement, qu'ils regardaient comme un envahissement intolérable, effectué sur leur territoire. Adoptant ce projet de vengeance, ils s'occupèrent avec enthousiasme des préparatifs de guerre, et se mirent en devoir d'abattre des arbres dans des sentiers praticables, qu'ils voulaient obstruer par des barricades, formées à quelque distance du poste, pour couper tous moyens de secours et de retraite aux soldats qu'ils voulaient exterminer.

Leur instinct cruel, toujours fertile en ruses de guerre, leur fit choisir, pour cette expédition nocturne, l'époque d'un premier quartier de lune, dont la lueur momentanée leur suffisait, au milieu de leurs forêts vierges, pour organiser les nombreuses embuscades qu'ils devaient établir sur la ligne du blocus. Le tout fut exécuté en observant le plus grand silence, qui se conserva jusqu'à la disparition totale de l'astre qui les éclairait, signal de l'attaque.

En un instant, le petit corps-de-garde est investi par un nombre considérable de ces barbares ; ils s'élancent de tous côtés, employant à la fois tous leurs moyens meurtriers, et massacrent les soldats surpris pendant leur sommeil, déja enveloppés par les flammes et les épais tourbillons de fumée, impuissants protecteurs de l'existence menacée de quelques fuyards, qui tombent aussitôt dans les premiers piéges dressés pour hâter leur mort inévitable.

Cette funeste catastrophe terrorisa long-temps les habitants de l'île de Sainte-Catherine. Cependant, quelques années après, le gouvernement brésilien, mieux organisé, prit des mesures suffisantes pour protéger cet établissement, qui a pris, depuis, l'accroissement que méritait son utilité.

Planche 8.

Fameuse race des Bogres.

Les habitants des provinces de Saint-Paul, Sainte-Catherine, *Minas*, et *Rio Grande do Sul*, appellent généralement *Bogres* toutes les races de sauvages qui les environnent, à l'exception de celle des Botocoudes; restés dans leur état primitif, ces Indiens sont extrêmement redoutables par leur valeur et leur astuce : en revanche, les *Bogres* civilisés deviennent d'excellents ouvriers, et donnent les preuves d'une intelligence parfaite, partout où on les emploie.

La province de *Rio Grande* est celle du Brésil dans laquelle on voit le moins de nègres, parce que la presque totalité des travaux s'y exécute par la main des Indiens civilisés ; et même dans toutes ces contrées, on a déjà adopté différents curatifs employés par ces sauvages, tels que la racine de *guné* (gouné), de *reïs-aço*, racine stomachique, et de *butta reïs*, autre racine amère.

Dans le district de *Spiritu Santo*, on vend chez les apothicaires la racine de *poaio*, comme un vomitif et purgatif accrédité : pour s'en servir avantageusement, il faut la bien mâcher avant de l'avaler, et prendre par-dessus une décoction de racine de *guné*.

Dans la province de *Rio Grande do Sul*, un riche propriétaire était attaqué d'un chancre qui avait fait de tels progrès, que les médecins le regardaient comme incurable; le malade désespéré eut recours à l'un de ces sauvages qu'il occupait chez lui comme ouvrier, et ce nouveau médecin le guérit en effet radicalement, en appliquant sur le mal de certaines racines qu'il apportait chaque jour toutes pilées. Après la cure on lui offrit une forte récompense, s'il voulait faire connaître la composition de son remède; mais l'Indien refusa et s'enfuit, pour garder religieusement le secret qui lui avait été transmis par ses ancêtres.

Lorsqu'on s'adresse à eux pour en obtenir quelques traitements curatifs, ils répondent le plus ordinairement : Venez parmi nous, et nous essaierons de vous guérir; ce qu'acceptent fréquemment les individus de la classe ordinaire, qui attestent une infinité de cures aussi extraordinaires que variées.

Les *Bogres* emploient pour armes la flèche, le javelot, et la massue, dont la plus longue, taillée à pans coupés, est de quatre pieds. Leurs coups sont toujours perpendiculaires, c'est-à-dire dirigés par les deux bras, également élevés au-dessus de leur tête.

En temps de guerre, leur tactique est, pour se poursuivre entre eux, de s'embusquer dans les bois, et plus particulièrement dans les *capims* (grandes herbes de la plaine, presque toujours de la hauteur d'un homme), où ils se tiennent cachés, soit par détachements ou disséminés en éclaireur; et ils y restent constamment pendant deux ou trois jours consécutifs s'il le faut, pour attendre l'ennemi au moment où il paraît; ils lèvent seulement la tête, décochent leurs flèches, et se recachent aussitôt.

Quelques-unes de leurs tribus portent, pendant la guerre, des masques d'écorce d'arbre à liége (*corticeiro*) : ce sont des plaques informes un peu cylindriques, auxquelles ils pratiquent trois trous, deux pour les yeux, et un pour le nez.

Dans leurs grands combats, ils ont constamment soin, même pendant le fort de l'action, de se repasser de main en main les morts et les blessés, pour les reporter en arrière, afin qu'il n'en reste jamais sur le champ de bataille.

De pesants morceaux de bois servent en temps de paix, aux jeunes guerriers, à se rendre habiles dans ce louable exercice.

Le combat fini, ils enterrent leurs morts, et élèvent la terre au dessus de la fosse commune, de manière à former une assez haute pyramide.

Accoutumés à tirer sur des objets posés, s'ils veulent immoler un passant, ils le laissent s'éloigner à une certaine distance ; ensuite pour l'arrêter dans sa marche en excitant son attention, ils font du bruit, et au moment prévu où le voyageur s'arrête, ils l'ajustent et le tuent infailliblement.

PLANCHE 9.

Botocoudos.

Les sauvages connus au Brésil sous le nom de *Botocoudos*, descendent des anciens *Aymores*, de la race des *Tapouyas* (*Botocoudos et Puris*); *Edgeréck Moung* est le nom véritable qu'ils se donnent dans leur propre langue; et enfin, *Epcoseck* (c'est-à-dire grande oreille) est celui que leur donnent les sauvages *Malalis*, à *Pessanha* sur les rives du *Rio doce supérior*, où se livrent leurs combats continuels avec eux.

Ils regardent comme une injure le nom de *Botocoudes* qui leur fut donné par les Portugais, à cause de la ressemblance des plaques de bois qu'ils portent aux oreilles et à la lèvre inférieure avec le bondon d'un tonneau. (*Batoquè* en portugais.)

Cette race de sauvages a été regardée de tout temps comme la plus farouche et la plus terrible des *Tapouyas*. Il n'existe plus qu'un petit nombre d'*Aymorès*, qui habitèrent jadis sur les bords du *Rio-dos-Ilheos :* ce sont quelques vieillards qui, sous le nom de *Gérens*, vivent sur les rives de *l'Itahypé*.

Les *Botocoudos* occupent à présent l'espace qui s'étend parallèlement à la côte orientale, depuis le 13° jusqu'au 19° 1/2 de latitude australe, entre le *Rio Prado* et le *Rio Doce*. Ils ont des communications établies entre ces deux fleuves, le long des frontières de *Minas Geraës*, et à l'ouest, ils touchent aux cantons habités de *Minas Geraës*, près des sources du *Rio Doce*.

En 1812, le comte *dos Arcos*, alors gouverneur de la province de *Bahya*, conclut un traité de paix avec les *Botocoudos* qui habitent les forêts à travers lesquelles passe le *Rio Grandé de Belmonté :* un seul chef nommé *Jonué Jacuan* (Jonué le Belliqueux), retiré vers le haut du fleuve, n'a consenti à aucune transaction avec les Européens, et il est resté depuis ce temps en état d'hostilité même avec ses compatriotes civilisés.

En 1816, nous avons vu à *Rio-Janeiro* une famille de *Botocoudos* civilisés, qui y avait été amenée des bords du *Rio de Belmonté* par le commandant *Cardoso da Rosa*, pour être présentée au prince régent *D. Joao VI.*

Le chef de ces sauvages était remarquable par son costume, composé d'un manteau et d'un diadème de peau de *tamanduà* (*tamanois*, espèce de fourmiller). Lors de leur présentation à la cour, on ajouta au costume du chef, pour plus de décence, un gilet et un pantalon de nankin bleu; tous les autres individus furent revêtus chacun d'une chemise et d'un pantalon de toile de coton blanc.

Aussitôt leur retour du palais de Saint-Christophe, ils se hâtèrent de quitter les vêtements qu'on leur avait prêtés, pour jouir, selon leur habitude, de la liberté de rester entièrement nus. Peu de temps après, ils retournèrent dans leurs hameaux, enchantés d'emporter des haches de fer dont on leur avait fait présent.

J'ai supposé un second manteau au fils du chef, quoiqu'il n'eût pas le droit d'en porter, uniquement pour donner une idée de sa forme par devant.

Le diadème de la femme du chef était fait de feuilles de roseaux secs.

PLANCHE 10.

Botocoudos, Bouris, Patachos et Macharis, ou Gamellas.

Parmi les nombreuses familles sauvages civilisées qui vinrent successivement à Rio-Janeiro pour être présentées à S. M. I., les *Botocoudos*, *Bouris*, *Macharis*, et *Patachos*, sont sans contredit, par la mutilation, celles dont l'aspect est le plus repoussant.

Ce fut en 1823 que le colonel de milice *João Ferreira* les amena de la province du *Minas Geraës*. Ils restèrent une huitaine de jours stationnés dans l'île d'*As-Cobras*, sous un hangar de la marine, et y recevaient deux fois par jour les vivres que le gouvernement leur faisait distribuer.

Ils avaient l'air très-doux, et ne paraissaient pas contrariés de l'importune visite de tous les curieux de la ville, qui s'empressaient de jouir de cette hideuse nouveauté. Plusieurs d'entre eux comprenaient quelques mots de la langue portugaise. Pour les faire parler, nous leur avons demandé leur nom, et nous avons compris alternativement *Bouris* et *Pouris*, dans leur réponse mal articulée, parce que ces hommes horriblement défigurés, étant obligés de rassembler dans le creux de la main les parties charnues à moitié déchirées et pendantes de leur lèvre inférieure, pour les rapprocher de la lèvre supérieure, afin d'exprimer une lettre labiale, il nous fut difficile de bien distinguer la différence du P au B; surtout prononcé à voix basse.

Les sauvages de la grande famille des *Tapouyas* nommés *Puris* sont partagés en plusieurs tribus, qui se font mutuellement la guerre. Le nom générique de la nation, *Pury*, tire son origine de la langue des *Coroados*, et veut dire audacieux ou brigand. Ce nom insultant leur fut donné par les *Coroados*, à cause de la guerre continuelle que les *Puris* leur font, de même que, par représailles, les *Puris*, indignés de cette épithète, appellent aussi les *Coroados*, *Puris* pour les injurier.

Ces indigènes errent encore sauvages dans les solitudes situées entre la mer et la rive septentrionale du *Parahiba*, et s'étendent jusqu'au *Rio Pomba*, dans la province de *Minas Geraës*.

Les *Patachos*, aussi de la même race, se tiennent dans les forêts près du *Sertao*, aux confins de *Minas Geraës* sur le *Rio Piabanha*, limite de leurs excursions et du territoire des *Kamacans*.

On trouve stationnées sur la rive septentrionale du *Rio de Santo-Matheo*, différentes familles des *Macharis*, issus également de la race des précédents.

Les individus de ces trois différentes tribus ne portent aucune espèce de vêtement, même dans l'état de civilisation. Ils se nourrissent de chasse, et mangent la viande rôtie extrêmement cuite.

Nous avons vu un de ces jeunes Indiens, âgé à peu près de seize ans, dont la lèvre inférieure n'était encore qu'insensiblement allongée; elle portait une légère cicatrice à l'endroit où devait se continuer le percement.

Planches 11, 12.

Le Signal du Combat et celui de la Retraite.

ÉPISODE DE L'ANNÉE 1827.

Séduit par l'affabilité et la franchise du gouverneur brésilien de la province de *Matto Grosso*, M. *Josè Saturnino da Costa Pereira*, le chef de la tribu indienne des *Tacupécuxiaris* (subdivision des *Coroados*) se détermina à conclure un traité d'alliance avec lui. Après les échanges d'usage, il manifesta le désir de se faire chrétien, en exigeant que le gouverneur lui servît de parrain : on satisfit sa volonté en tous points, de manière que depuis cette époque il jouit orgueilleusement du privilége légal de se faire appeler *José Saturnino Tacupécuxiary*. Le néophyte, reconnaissant de cet honneur, fit présent de de son riche costume complet au gouverneur brésilien, qui l'envoya à Rio-Janeiro, pour augmenter la collection du muséum d'histoire naturelle, où je l'ai dessiné.

On n'a eu qu'à se louer du dévouement de ce nouvel allié, qui ne cesse de protéger (très-chrétiennement même) le passage des voyageurs sur une route assez longue qui traverse la forêt qu'il habite.

Cette communication, maintenant très-fréquentée, devient chaque jour plus utile à la province de *Matto Grosso*.

Le chef, selon la coutume, donne le signal du combat au son de la trompette, et continue à faire entendre cet instrument guerrier jusqu'au moment où il veut faire cesser les hostilités. Le silence du chef devient ainsi nécessairement le signal de la retraite, auquel tous les partisans se rallient autour de leur général, rapportant du champ de bataille les blessés et les morts.

La planche onzième représente l'effet du signal des combats : les partisans en armes descendent par les ravins qui conduisent à une rivière déja traversée à la nage par quelques soldats du chef *Tacupécuxiary*, représenté lui-même revêtu de son costume complet, embouchant la trompette militaire.

Sa femme est auprès de lui, et tient ses armes prêtes en cas de besoin.

Le sujet du dessin n° 12 est le signal de la retraite militaire donné par un chef de la même nation, placé sur une hauteur et remontant dans ses forêts.

Sa femme, qui ne l'a pas quitté, rapporte ses armes et son enfant; plusieurs partisans gravissent les rochers, portant sur leurs épaules les morts et les blessés; un de ces guerriers, déja parvenu à un point plus élevé, emporte des armes ramassées sur le champ de bataille.

Le dard que le chef tient à la main est une arme en usage dans la partie du Brésil qu'il habite. (Voir la pl. 36.)

Pendant les combats, le chef se place toujours sur un endroit élevé qui domine le champ de bataille, ou, si le terrain s'y refuse, il monte alors sur un arbre pour voir et diriger l'action.

J'ai revu à Rio-Janeiro M. *Josè Saturnino da Costa Pereira*, aujourd'hui membre de la chambre du sénat brésilien, et c'est de lui que je tiens tous les faits que j'ai retracés.

Planche 13.

Sauvages Goyanas.

Les sauvages *Goyanas*, débris d'une grande nation, se trouvent disséminés sur divers points de l'extrémité des provinces de *Rio-Grande* du sud, de Sainte-Catherine et de Saint-Paul; les plus civilisés habitent les plaines de *Paratiningua* et les environs de Saint-Vincent.

Ils pratiquent encore l'antique usage de conserver les dépouilles mortelles de leurs chefs, renfermées dans de grands vases de terre cuite, nommés *camusis*.

En parcourant leurs sombres forêts de pins, vastes voûtes soutenues par les innombrables colonnes que figurent ces arbres d'un aspect triste et imposant, vous verrez en effet, de distance en distance, d'énormes blocs de granit, dans lesquels sont creusés de vastes fours, salles sépulcrales, dépositaires des *sarcophages* révérés.

Les *Goyanas* sont généralement industrieux; ils savent utiliser le fer; et leurs femmes font elles-mêmes leurs *tangues*, pièce de toile formant un carré long, qui leur sert de jupe; le tissu de cette toile presque imperméable, à cause de son extrême épaisseur, devient aussi très-pesant : il se fabrique sur un châssis composé de quatre morceaux de bois, et qui s'appuie un peu obliquement contre un arbre ou une muraille; l'ouvrière travaille d'abord debout pour commencer la partie supérieure de ce tissu, formé d'une trame horizontale sur laquelle se fixe une autre trame perpendiculaire, arrêtée par un nœud à chaque fil qu'elle croise. Les *Goyanas* se servent pour ce travail des filaments de l'imbire. (Voyez pl. 35.)

Le site dans lequel se passe cette scène offre un double intérêt, en ce qu'il donne non seulement la vue intérieure de la forêt vierge, au point où se trouve la source du fameux lac *dos Patos* (des canards), considéré avec raison comme le plus grand du Brésil, mais encore parce qu'il témoigne de l'industrie des *Goyanas*, qui entretiennent avec leurs canots une navigation utile aux voyageurs pour parcourir le littoral de la province du *Rio-Grande* du sud.

La scène représente l'embarquement d'un voyageur européen suivi de son esclave nègre, qui porte sa valise pour entrer avec lui dans le canot du sauvage *goyana;* l'autre groupe est formé d'Indiens de la même race qui ont conduit l'Européen jusqu'au canot.

Planches 14, 15.

Charruas, et par corruption Chirous.

Dans une des provinces méridionales du Brésil, située sur les rives de l'*Uraguay*, en descendant quelques lieues au dessous de *San Joao* (ou les apôtres), il existe une nation d'Indiens tout-à-fait sauvages nommés *Charrous*, stationnés dans un très-grand espace de terrain rempli de marécages et de bois; ils vivent environnés de troupes de chevaux sauvages, dont ils mangent la chair de préférence à toute autre nourriture. C'est au milieu des roseaux, couchés presque dans la vase, qu'ils établissent leurs dégoûtants festins. Leur extrême malpropreté a donné lieu à inventer sur leur compte mille narrations exagérées que je m'abstiendrai de décrire, quoiqu'elles soient accréditées dans le pays. Leur unique vêtement est le *bicouis* (espèce de petit caleçon extrêmement court), et leur principal ornement est un enduit, composé de terre rouge (*thoia*), mêlée avec de la graisse de cheval, dont ils se barbouillent la figure.

C'est seulement dans la province de *San Pedro* et de *Spirito-Santo* que l'on trouve un grand nombre de *Charrous* civilisés, la plupart originaires du *Paraguay*; ils marchent presque toujours à cheval, enveloppés du *ponche* (espèce de manteau brésilien); quant au reste du costume *charrou*, il est copié sur celui des Américains-Espagnols; comme eux, ils sont toujours armés d'un grand couteau attaché à la ceinture, ou simplement fourré dans une de leurs bottes. Le commerce de bestiaux est leur principale occupation; souvent aussi, sous le nom de *pions*, ils servent de guides aux voyageurs qui parcourent ces deux provinces.

Non moins intrépides à pied qu'à cheval, ils ne craignent pas d'attaquer le tigre (*once*), le bras gauche enveloppé de leur *ponche* roulé, pour toute précaution, et recouvert d'un morceau de cuir qui fait, comme tablier, partie de leur costume. Ainsi préparés au combat, et tenant leur grand couteau de la main droite, ils marchent à la rencontre de l'animal, et le défient.

Le chasseur assez aguerri pour attaquer ce dangereux adversaire corps à corps, présente le bras gauche en avant, et au moment où le tigre s'élance pour le saisir, il lui plonge le couteau dans la poitrine, et l'égorge du premier coup.

Ce genre de combat leur est tellement familier, qu'ils sont toujours prêts à vous procurer une superbe peau de tigre, moyennant la somme de cinq francs (1 *patacon*): c'est une spéculation qu'ils se réservent pour subvenir aux frais de leurs divertissements, peu variés à la vérité, car ils consistent à passer la plus grande partie de leur temps dans les tavernes, à fumer, boire de l'eau-de-vie, et jouer aux cartes, plaisir qui de part et d'autre se termine presque toujours par des coups de couteau.

Quoique naturellement enclins à l'ivrognerie, au vol et au meurtre, ils sont cependant susceptibles d'une fidélité inaltérable, lorsqu'ils se sont engagés dans l'escorte qui vous protége.

Un voyageur s'expose-t-il, dans ces contrées, aux dangers d'une longue route à travers les déserts, un *pion* aguerri lui devient indispensable. Aussi, à la première réquisition de l'étranger, chacun s'empresse-t-il de le lui procurer, et bientôt on lui présente un individu, dont l'aspect seul ne laisse aucun doute sur sa force et son audace. Les amis qui l'entourent ajoutent à l'unanimité cette recommandation rassurante : Voilà un homme capable de résister à dix autres (*he hum homen para dez*). Si la caravane est nombreuse, et qu'elle nécessite deux guides, le premier choisi a le droit de s'adjoindre le compagnon qu'il préfère.

Les *pions* acceptés, c'est à la générosité du voyageur à fixer la récompense pécuniaire qu'ils vont mériter; mais on sait d'avance qu'il est d'usage, pour une longue traversée, de donner quatre-vingts francs (*huma-dobla*) à chacun d'eux, ce qui les satisfait; ils n'exigent rien d'avance.

En route le *pion* marche toujours devant son maître, sonde le terrain, et, si l'on trouve quelque pas difficile à franchir, ou quelque animal dangereux à combattre, il s'y expose généreusement le premier. On n'a pas non plus à s'occuper de la nourriture de ce fidèle compagnon de voyage, toujours muni d'une petite provision d'eau-de-vie et de tabac à fumer, qui lui suffit pour toute la journée; mais le soir, en traversant les prairies couvertes de troupeaux qui paissent en liberté, il saisit un bœuf au lacet, l'abat, et après l'avoir égorgé, coupe un morceau du filet qu'il enveloppe d'un morceau de peau encore chaude, et abandonne le reste de l'animal, pour servir de pâture aux bêtes carnassières. Arrivés à la place choisie pour le campement de la nuit, le guide s'occupe de l'établissement de sa cuisine : il commence, à cet effet, par creuser la terre, et faire une petite fosse d'environ un pied et demi de profondeur; il la remplit ensuite de branchages auxquels il met le feu, et lorsqu'ils sont réduits en charbons, il place sur ce brasier ardent le morceau de viande tout enveloppé dans le morceau de peau; puis il cache le tout sous d'autres branchages, pour le couvrir d'un nouveau feu. Cette viande, cuite ainsi entre deux brasiers, conserve toute la saveur de son jus, et ne le cède en rien, pour la délicatesse, aux meilleurs rôtis faits en Europe.

Tous les voyageurs partagent entre eux ce souper succulent, que les naturels du pays mangent sans pain.

Rendu à sa destination, le voyageur paie son conducteur, et ils deviennent étrangers l'un à l'autre. Dans toute autre position, il est généralement dangereux pour un voyageur isolé de rencontrer un *Churrou*, qui, toujours avide de se procurer des *patacons,* (pièces de 5 francs), ne se fait pas scrupule d'assassiner l'étranger, pour s'emparer de l'argent, ou même d'un gilet qu'il convoite.

Planches 16, 17, 18.

Gouaycourous.

Les indigènes sauvages nommés *Gouaycourous* se trouvent, au Brésil, dans la province de *Goyas*, sur les rives de l'*Uraguay*, et s'étendent assez loin dans la province de *Matto-Grosso*. Excellents cavaliers, ils se distinguent par leur habileté à dompter les chevaux sauvages qui paissent en liberté dans les plaines de cette partie de l'Amérique : ils les prennent au lacet (*laço*), les brident, les montent, et aussitôt s'élancent avec eux vers les lacs ou les rivières, au milieu desquels ils les fatiguent, en les tenant toujours enfoncés dans l'eau presque jusqu'au poitrail. Bientôt exténué des fatigues de cette lutte inégale qui, pour la première fois, le force à reconnaître un maître, l'animal sort de l'eau tout écumant de sueur, et dans son épouvante du poids inconnu qui le charge, il obéit au moindre mouvement du cavalier. A l'issue de cette première épreuve, le cheval sauvage est ordinairement saisi d'un tremblement nerveux, qui lui dure pendant plusieurs heures de suite, dont on profite pour achever de le dompter sur un terrain plus ferme.

L'occupation spéciale des *Gouaycourous*, consiste dans le commerce des différentes espèces d'animaux, qu'ils rassemblent dans de vastes pâturages, où ils établissent leur habitation.

Leur ancienne civilisation les rapproche beaucoup des *Guaranis*; comme eux, ils ont dans leur population des classes différentes, et en ont formé trois bien distinctes : la première est celle des nobles *capitao* (capitaines), chefs de famille qui commandent des soldats et des esclaves; la seconde est celle des soldats, qui ne combattent qu'à cheval, et ne sont soumis qu'à l'obéissance militaire; la troisième se compose d'esclaves, et est formée, en partie, de prisonniers de guerre, qui exécutent toute espèce de travaux domestiques, dont le plus fatigant est la formation et la conduite des troupeaux, pour les livrer aux acquéreurs.

Le commerce cependant ne refroidit en rien leur courage; et dans la guerre cette cavalerie sauvage est précieuse pour détruire un camp ou enfoncer une phalange ennemie.

Leur tactique est de rassembler une troupe assez nombreuse de chevaux sauvages, qu'ils lancent en avant sans cavaliers, en se mêlant aux derniers coureurs. Mais, pour se dérober à la vue de l'ennemi, ils imaginent une ruse qui, à elle seule, donne une idée de leur souplesse et de leur dextérité à cheval : chaque cavalier, uniquement appuyé du pied droit sur son étrier, saisit la crinière de la main gauche, se tient ainsi suspendu et couché de côté, le long du corps de son cheval, et conserve cette attitude jusqu'à ce qu'il soit arrivé à la portée de la lance; il se relève alors sur sa selle, et combat avec avantage au milieu du désordre causé par cette attaque tumultueuse.

Commerçants et guerriers, ils sont encore agriculteurs; et, parmi les produits qu'ils tirent de la culture, on doit signaler le coton, qu'ils emploient avec une habileté remarquable pour fabriquer les étoffes dont ils se vêtent.

Toutes les femmes s'occupent de tisser, et font également preuve d'adresse dans le travail de l'aiguille.

Une bizarrerie assez remarquable, c'est que, malgré leur civilisation avancée, ils ont conservé l'habitude du *tatouage*.

Planche 19.

Sauvages de la Mission de Saint-Joseph.

Il est facile de reconnaître au premier aspect la délicatesse innée du goût, chez les sauvages civilisés de la *mission de St.-Joseph*, autant à la régularité symétrique des lignes de leur tatouage, qu'à l'ingénieuse imitation, naïvement grotesque, des vêtements militaires européens, dont le musicien sauvage ici rappelle les couleurs caractéristiques appliquées sur la peau (les revers, parements et collet sont rouges). Toujours imitateurs, ils recherchent également l'avantage d'une coiffure rehaussée d'un accessoire, d'un diadème (même de roseaux), ou d'un bonnet couronné de longues plumes.

Ces *Indiens* d'une antique civilisation, moins musiciens que les *Guaranis*, n'ont que le tambour pour instrument de danse.

Généralement bien faits, agiles, gais, et remplis d'intelligence, ils conservent aussi un sentiment de pudeur qui a inspiré aux femmes la nécessité, comme luxe, de se fabriquer des demi-jupes toutes garnies de plumes : cet ornement, qui leur couvre uniquement la chute des reins, en augmente ridiculement le volume, et les prive ainsi de la grace naturelle que nous admirons chez les femmes européennes.

On retrouve aussi l'influence de leur soigneuse industrie, dans les enjolivements de leurs armes.

A l'analyse des heureuses qualités physiques et morales des *indigènes sauvages*, succède naturellement l'éloge bien mérité de la fraternelle philantropie des *législateurs brésiliens*, qui, à peine investis du pouvoir régénérateur de la prospérité de leur mère-patrie, s'empressèrent d'abolir l'esclavage des *Indiens sauvages* prisonniers de guerre, et plus encore, de leur assurer le droit de propriété sur la terre qu'ils choisiront pour y exercer leur industrie. Judicieux moyen de leur faire comprendre les avantages de la civilisation, et par cela même d'en accélérer indubitablement les progrès, si utiles au territoire brésilien.

ABOLITION DE L'ESCLAVAGE DES INDIENS SAUVAGES, PRISONNIERS DE GUERRE.

Résolution du sénat, du 3 novembre 1830, qui sanctionne la loi décrétée par l'assemblée législative en faveur des Indiens sauvages (*Bogres*) qui occupent la partie de l'ouest de la route de la ville de *Faxina* (Fachina) jusqu'à celle de Lâges, toujours traités en esclaves jusqu'à ce jour, lorsqu'ils sont prisonniers de guerre.

DÉCRET DE L'ASSEMBLÉE GÉNÉRALE LÉGISLATIVE.

Art. 1er. Révocation de l'ordonnance royale du 5 novembre 1808, qui déclare la guerre aux Indiens de la province de Saint-Paul, et détermine que les prisonniers de guerre seront esclaves de ceux qui les prendront, pendant quinze ans.

2. Les Indiens maintenant prisonniers de guerre seront déclarés libres, ainsi que leurs descendants, sans avoir besoin d'achever les quinze années d'esclavage.

3. Ils seront secourus par le trésor public pour commencer à cultiver la terre et à élever des animaux domestiques (*), dont le produit leur restant les mènera promptement à la civilisation.

4. Les Indiens pris, ou rendus volontairement, seront sous la protection de la loi relative aux orphelins, et jouiront de son article 1er, tit. 88, principalement pour l'éducation militaire de leurs enfants.

5. Rétablissement de toute la vigueur des lois des 1er avril 1680, 5 juillet 1715, 8 mai 1758, et de toutes les autres promulguées en faveur des Indiens.

Passé au palais du sénat, le 3 novembre 1830, vicomte de Congonhas do Campo, comte de Lâges, José Saturnino da Costa Pereira, Antonio Gonçalves Gamide.

(*) Les plaines et les forêts qu'ils habitent sont les plus fécondes en bestiaux.

PLANCHE 20.

Soldats indiens de la Coritiba.

On remarque dans la province de S. Paul, *Comarque de la Coritiba*, les villages d'*Itapèva* et de *Carros*, dont la population entière se compose de familles de *chasseurs indiens*, employés par le gouvernement brésilien pour combattre contre les sauvages, et les repousser peu à peu des lieux rapprochés des terres nouvellement cultivées.

Leur vêtement se compose d'un bonnet de drap taillé à côtes de diverses couleurs, et froncé sur le bord pour s'ajuster à la grosseur de la tête, d'une chemise, d'un gilet de drap, dont le dos diffère de couleur avec les faces; un ample pantalon blanc de toile de coton, fait à la manière espagnole et frangé par le bas, complète le costume : du reste, pas de chaussure, leurs jambes et leurs pieds sont nus.

Ces soldats aguerris portent leurs vivres renfermés dans un sac, et dorment la nuit sans feu dans les forêts, pour n'être pas soupçonnés des sauvages qu'ils cherchent à surprendre.

Chaque année, à certaine époque, le gouvernement leur fait donner des munitions pour se mettre en marche; une fois partis, ils ne reviennent chez eux qu'après avoir épuisé leurs provisions de guerre : alors ils s'y reposent jusqu'à la campagne prochaine : pendant cet intervalle ils cultivent leurs terres, et servent de guides aux voyageurs étrangers.

Leur tactique est d'attaquer les *ranches* des sauvages (cabanes, habitations), d'en tuer les hommes, et de tâcher de ramener prisonniers les femmes et les enfants. Naguère sauvages eux-mêmes, ils sont plus aptes que les Européens à employer les ruses nécessaires à ces sortes d'expéditions. Sachant, par exemple, que les sauvages en quittant une habitation ont l'habitude d'allumer des feux, en signe d'adieux adressés aux peuplades voisines, et que ces dernières y répondent ordinairement par le même signal, ils ne négligent pas, en entrant dans une forêt qu'ils veulent exploiter, de se servir du même moyen comme stratagème, pour découvrir les habitations sauvages qui peuvent s'y trouver. Éclairés ainsi par cette première reconnaissance, ils dressent leurs plans d'attaque avec avantage. Cependant, malgré le degré de lumières qu'ils ont acquis par la civilisation, ils sont encore quelquefois dupes des ruses de leurs prisonniers. Nous citerons un fait qui nous a été raconté par un de ces soldats indiens :

Une femme sauvage et son enfant, tous deux de la race des *Guayanas*, avaient été pris par deux de *ces chasseurs :* elle dissimule son chagrin, les suit de bonne grace, et chemin faisant, manifeste le désir curieux de voir leurs fusils; elle avait eu le loisir en marchant de les examiner en les tenant dans ses mains : lorsque l'escorte s'arrête enfin au pied d'un arbre pour y passer la nuit, la femme profite alors du sommeil de ses gardiens, pour faire tomber l'amorce de leurs armes, et prend ensuite la résolution de fuir, emportant son enfant sur ses épaules; le bruit inévitable qu'elle fit en passant à travers les feuillages, réveilla les chasseurs, qui s'empressèrent aussitôt de faire feu sur elle, mais le retard occasioné par cette ruse donna le temps à la fugitive de s'échapper.

Cet exemple n'est pas le seul, et en général, il est difficile de conserver un grand nombre de ces prisonniers de guerre, à moins de les faire passer de suite dans les villes de l'intérieur pour les dépayser; mais malgré toutes ces précautions même, ce sont plutôt les enfants que l'on parvient à civiliser.

Planche 21.

Soldats indiens de Mugi das Cruzas.

Depuis 1808, époque de l'arrivée de la cour portugaise au Brésil, le gouvernement s'est occupé d'échelonner des postes militaires sur le bord de plusieurs fleuves qui traversent des forêts vierges habitées par les sauvages.

Sur le *Rio-Doce*, on trouve le *Quartel d'Aguiar* (poste militaire), entouré des habitations de quelques familles indiennes; il se compose seulement de huit soldats *indiens civilisés*, préférables à toute autre espèce de soldats pour combattre leurs compatriotes encore sauvages; aussi ces derniers les détestent-ils et tirent sur eux de préférence, parce qu'ils les regardent comme des traîtres. Il est d'usage parmi eux que, sur vingt hommes organisés en détachement, huit doivent être cuirassés, pour couvrir les douze autres dans l'attaque.

L'officier qui commande le grand poste de *Linhars* (lignars) doit, une fois par mois, aller, tel temps qu'il fasse, visiter tous les autres postes, corvée qui peut s'évaluer à un voyage de 90 lieues.

Les postes font des battues dans les forêts, pour la sûreté des cultivateurs. Lorsque la patrouille rencontre des *sauvages*, elle tire deux coups de fusil, et à ce signal, tous les habitants d'alentour, munis d'armes à feu, se rassemblent pour la soutenir. Presque toute la population de *Linhars* se compose de soldats commandés par un sous-lieutenant, et assistés d'un chirurgien et d'un aumônier.

Les *Mineiros* (habitants de *Minas*) passent pour les meilleurs chasseurs de sauvages, aussi les choisit-on de préférence pour commander les postes, parce qu'ils sont plus familiarisés avec la manière de vivre de leurs adversaires, et par cela même plus capables de diriger contre eux cette petite guerre de forêts; leur bravoure et leur force justifient d'ailleurs ce choix.

Dans chaque poste, on a le soin de tenir toujours en réserve un certain nombre de cuirasses, nommées *gibao* (gibaon). Ce sont des casaques de toile de coton, rembourrées et piquées; elles descendent jusqu'aux genoux, couvrent seulement le bras, et sont à l'épreuve de la flèche; mais leur poids les rend bien incommodes lorsqu'il faut se battre pendant les grandes chaleurs. A *Villa-Vittoria*, on les fabrique en soie, et elles sont beaucoup plus légères.

En 1829, on fit venir une douzaine de ces soldats indiens au quartier-général de *Rio-Janeiro*, pour combattre et s'emparer d'un certain nombre de nègres fugitifs, qui vivaient clandestinement retirés sur les hauteurs boisées qui couvrent le pied de la montagne du *Corcovado*, et d'où ils descendaient la nuit afin de se procurer des subsistances en volant dans les maisons des faubourgs de *Catète* et *Bottafogo*, qui se trouvent de ce côté.

Les nègres avaient établi dans ces bois vierges deux points d'habitation (appelés *quilombos*); i's y possédaient leurs femmes, et de plus des fusils ainsi que des munitions de poudre, apportées par quelques militaires déserteurs qui s'étaient joints à eux : on confia, dis-je, cette expédition militaire aux *soldats indiens*; et quatre jours de station permanente dans ces forêts vierges leur suffirent pour détruire les retranchements ennemis, s'emparer du chef, tuer une partie des nègres, et ramener prisonniers quelques femmes et leurs enfants; le petit nombre qui échappa, toujours surveillé par ces Indiens et manquant de vivres, vint se rendre à discrétion le jour suivant.

La tactique militaire des assaillants consista à reconnaître les points habités, à les cerner pendant la nuit, et à incendier tous les arbres qui les environnaient; embusqués en dehors de la ligne du blocus, ils tuaient les fuyards épouvantés à mesure qu'ils la franchissaient.

Quelques jours avant l'arrivée de ces auxiliaires, on avait envoyé des détachements de la garde de police, qui, ignorant le système de guerre de ces forêts impénétrables, y perdit infructueusement plusieurs soldats, tandis que les *chasseurs indiens* qui leur succédèrent remportèrent une victoire complète, sans perdre un seul homme de leur côté.

Planche 22.

Cabocles blanchisseurs.

On a représenté dans le dessin n° 22 des familles de *Cabocles*, fixées à *Rio-Janeiro* depuis plusieurs années, y exerçant le métier de blanchisseuses; elles se rassemblent tous les jours dès le matin, pour aller laver sur les bords de la petite rivière qui coule sous le pont de *Catète*, l'un des faubourgs de la ville. Elles y restent toute la journée, et ne rentrent à la ville qu'à la chute du jour.

Bien avant notre arrivée à *Rio-Janeiro*, on comptait déja un grand nombre de *Cabocles* employés au service particulier des riches propriétaires de l'intérieur du Brésil; bien à même d'apprécier les qualités personnelles de ces *indigènes* demi-sauvages, employés chez eux comme ouvriers, l'expérience leur avait prouvé que l'on pouvait en faire des serviteurs attachés et capables, sous un dehors apathique, de se dévouer généreusement aux intérêts de leurs maîtres; aussi leurs enfants, élevés dans l'état de civilisation, deviennent-ils, dès l'âge de douze à quatorze ans, d'excellents domestiques, intelligents, vifs, et intrépides cavaliers, chasseurs et nageurs, qualités précieuses pour accompagner leurs maîtres en voyage.

On en rencontre à *Rio-Janeiro*, même de très-vieux, fidèles et respectueux serviteurs de quelques grands personnages, anciens gouverneurs de provinces, qui les ont ramenés à leur retour dans cette capitale.

Aussi lestes et plus vigoureux que les nègres, on les emploie de préférence dans les établissements de l'intérieur; mais comme les mulâtres, ils contractent facilement les vices de la civilisation.

Ces précieux *indigènes*, protégés par le gouvernement et encouragés à perfectionner leur industrie au sein de leurs habitudes, deviendront les plus fermes soutiens de la prospérité du Brésil, déja riche de la fertilité de son sol et de la fécondité des nombreux animaux utiles qui s'y trouvent disséminés.

Par l'effet de la civilisation, la race indienne doit acquérir, selon nous, une amélioration sensible, en se fondant peu à peu dans la race brésilienne d'origine européenne; nous en sommes d'autant plus convaincu, qu'il existe dans les provinces de *San-Paulo* et de *Minas* de très-belles familles de race mêlée, issues de l'union d'hommes blancs et de femmes *cabocles*.

Les traits nobles de la figure du *Pauliste*, auxquels s'allient la finesse des yeux et les formes arrondies de la *Cabocle*, produisent une beauté gracieuse et piquante, particulièrement remarquable chez les femmes.

Quant aux hommes, ils deviennent plus élancés, toujours musculeux, et conservent avec passion le penchant dominant des deux races, qui les porte à affronter courageusement les fatigues inséparables des longs voyages et des exploits militaires.

PLANCHES 23, 24, 25.

Gouaranis.

La nation indigène *gouaranis* peut se considérer comme une de celles dont la civilisation remonte à l'époque la plus reculée, puisqu'elle s'est trouvée primitivement sous la domination des missionnaires espagnols. Aujourd'hui, la ville de *St.-Borges* est le siége du gouvernement en chef brésilien des provinces orientales des missions, habitées par cette race de sauvages tous devenus catholiques.

Sur la rive orientale de l'*Uraguay*, on doit à l'active industrie de ces Indiens l'établissement de l'entrepôt de *l'herva de matto* (thé des arbrisseaux), composé des feuilles d'un arbuste indigène, et très-semblables par leur forme à celles du thé de l'Inde : on en fait au Brésil une consommation d'autant plus grande que son prix est assez peu élevé. Cette substance végétale stomachique devient aussi une branche de commerce très-importante pour l'approvisionnement du Chili et autres provinces de l'Amérique espagnole.

L'*aldea de Guaranis la Crux alta* (le petit village *guaranis* de la Grande-Croix), situé au-delà du *Rio-Pardo*, est renommé par ses utiles fabriques de savon noir.

L'*aldea de S.-Vicento* (village de St.-Vincent), situé près de la ville de *Rio-Pardo*, province de *S.-Pedro-do-sul*, est également formé de familles de ces *Indiens civilisés*, qui s'occupent avec succès de la culture de la vigne, et font un vin dont le goût, qui ressemble beaucoup à celui du madère sec, le fait apprécier par les Américains du Nord, chez lesquels on l'importe.

Les *Gouaranis* propriétaires, dont la coutume est de ne sortir qu'à cheval, portent le riche costume américain-espagnol. Les travailleurs sont simplement vêtus d'un gilet et d'un pantalon blancs. Tous ces individus sont musiciens, et fabriquent eux-mêmes des violons, des basses, des guitares, et des flûtes qui n'ont pas de clefs, de même que les instruments à cordes ne sont point vernis ; les cordes de ces instruments sont en soie rouge.

Les dimanches et fêtes ils sont salariés pour venir chanter dans les églises, en s'accompagnant eux-mêmes, les psaumes divins, enseignés primitivement à leurs ancêtres par les pères de la compagnie de Jésus, et dont ils ont consacré par tradition, depuis plus de trois cents ans, les paroles et le chant.

Les saints plus particulièrement révérés de ces *Indiens* sont saint Vincent, saint Grégoire et saint Joseph. Aux fêtes de Noël, on voit arriver dans la ville de *Rio-Pardo* de nombreuses familles indigentes de *Guaranis*, dont les enfants, costumés grotesquement, exécutent des danses au son des instruments de leurs vieux parents, qui les accompagnent. Ce motif de divertissement leur devient un moyen de provoquer des aumônes en leur faveur.

A sept lieues de distance de *Porto Allegro*, on trouve l'*aldea de Nossa Senhora dos Anjos* (village de Notre-Dame-des-Anges), habité en partie par des *Guaranis*, et dans lequel il existait autrefois un couvent de religieuses *guaranis* : ce fut un gouverneur portugais qui fonda ce monastère, dont les ruines servent aujourd'hui de prison.

Parmi ces sauvages, l'épithète d'*Indio civilisado* veut dire Indien baptisé. Les jésuites, jadis leurs maîtres, en avaient fait leurs vassaux, et les employaient comme ouvriers de toutes professions pour construire leurs églises, leurs fermes et cultiver leurs terres ; c'est à ces circonstances que l'on doit de retrouver encore aujourd'hui, dans les débris de leur race, des restes de connaissances industrielles.

Planche 26.

Réunion de différentes formes de Huttes et Cabanes.

L'intérêt qui se rattache à l'étude de l'homme sauvage, comme constructeur, m'a fait composer ce tableau comparatif des différentes formes de huttes et de cabanes des *Brésiliens indigènes*.

J'ai voulu mettre à même de juger progressivement, depuis le plus simple jusqu'au plus compliqué, ces divers systèmes de construction, comme documents approximatifs de l'intelligence de leurs auteurs; intelligence qui varie sensiblement dans les subdivisions d'une même race en proportion de leur civilisation.

N° 1. — Abri des sauvages *Puris*, qu'ils nomment dans leur langue *couaris*; sa charpente très-simple soutient un rang intérieur de feuilles de *pattioba* (palmier à feuilles lisses) ou d'*heliconia* (plante gigantesque), recouvertes par plusieurs épaisseurs ou rangs doublés de feuilles de grands palmiers cocotiers. Le hamac est tissé avec les filaments de l'*embire* (voir la pl. 35).

N° 2. — Abri des *Patachos*. Sa partie solide se compose de douze perches plantées en terre, inclinées l'une vers l'autre, et fortement attachées par des liens au point de leur réunion. Sa couverture se construit par la superposition de beaucoup d'énormes feuilles d'*heliconia*, dont le seul poids suffit pour les assujétir.

N° 3. — Hutte des *Mundrucus* (*Mondroucous*, province du *Parà*). La charpente de cette hutte, disposée en voûte circulaire, commence à présenter un système de liaison solide et raisonnée; elle est ingénieusement recouverte d'énormes branches de palmier entrelacées et attachées avec art. Le hamac est d'un seul morceau d'écorce d'arbre, et les canots dont se servent ces sauvages sont faits dans le même style.

N° 4. — Ces demi-cabanes appartiennent aux peuples nomades, qui les abandonnent souvent, mais dont se servent les voyageurs, qui les restaurent pour le séjour momentané qu'ils doivent y faire.

N° 5. — Hutte des *Botocoudos* peu civilisés. Elle est construite par les femmes, et n'offre dans sa construction aucun système de charpente solide : toute la partie intérieure de la voûte se compose de palmes plantées en terre, et liées au bout les unes des autres. On amoncelle ensuite sur ce frêle appui une quantité considérable de palmes, pour former une muraille impénétrable à la pluie. Le lit est fait de quatre pieux sur lesquels on fixe des traverses en tous sens pour y superposer des morceaux d'étoupe réunis en guise de matelas.

N° 6. — La sixième cabane, construite d'une manière solide et raisonnée, présente dans la charpente le modèle de toutes les petites maisons faites pour loger les esclaves des cultivateurs brésiliens en général; il ne manque à sa perfection que des murs remplis d'argile. Elle est commune aux *Puris*, *Camacans*, *Coroados*, etc., déja plus ou moins civilisés. Le toit est recouvert avec des morceaux d'écorce du *bignonia* (arbre).

N° 7. — Celle-ci, qui n'a d'autre différence que d'avoir ses murailles fermées par des feuilles de palmier entrelacées dans la charpente, est particulière aux *Coroados*.

N° 8. — Espèce de hangar des *Cabocles* de *Cantagalo*. Il est recouvert de feuilles de palmier.

N° 9. — Cet autre plus aéré est construit par les *Coroados*. Ce genre de bâtisse, adopté par les Brésiliens, pour abriter les marchandises des caravanes, se nomme en portugais *rancho :* il y en a sur toutes les routes fréquentées, et il se trouve toujours contigu à la maison d'un marchand de comestibles qui en est le propriétaire.

N° 10. — Ces stations sylvestres se trouvent fréquemment dans les forêts habitées par les *Gouayanas;* elles servent aux *chasseurs sauvages* qui, avant le coucher du soleil, tendent des collets dans les arbres les plus hauts, pour prendre les grands perroquets *araras* qui s'y perchent. Le sauvage passe la nuit sous cet abri, et, à la pointe du jour, va s'emparer du produit de sa chasse; il ne peut y monter et en descendre qu'à la faveur des *cipos* ou lianes, échelles naturelles qui entourent les arbres.

N° 11. — Cette demeure des *sauvages industrieux* et *guerriers* est nommée par les Brésiliens *rancho fortificado* (ranche fortifiée). Le corps de bâtiment réunit à l'avantage d'une parfaite construction celui d'être entouré par une palissade revêtue de nattes, qui s'élève presque à la hauteur d'un homme; les issues ménagées avec art, mais rendues difficiles, sont tellement basses, qu'un homme est obligé d'y passer presque à plat ventre. Nombreuses chez les *Gouayanas*, ces espèces de forteresses sont encore défendues par une ou plusieurs lignes de barricades, faites dans la partie boisée qui les environne.

PLANCHE 27.

Différentes formes de Masques.

Il ne restait véritablement plus à l'homme sauvage industrieux, après avoir épuisé toutes les ressources du tatouage pour se rendre hideux, qu'à se fabriquer des masques en forme de têtes d'animaux de toute espèce, seul moyen de reproduire physiquement l'apparence d'une monstruosité plus épouvantable, et par cela même plus digne de toute l'admiration des spectateurs pendant les jours de fêtes. Aussi n'y a-t-il pas manqué, et a-t-il fait plus encore : non content de cette transformation partielle, il a su profiter de l'avantage d'une longue robe qu'il a surmontée d'une tête factice, pour se faire géant, et en cela son génie, toujours actif, rivalise avec celui des costumiers européens.

N° 1.—Ces grossières imitations vraiment barbares, mais exécutées avec beaucoup de soin, ont pourtant un degré de ressemblance bien marqué avec l'objet qu'elles sont supposées représenter.

On retrouve dans la première une tête de tigre, surmontant un entourage de mèches de crins, ajoutées pour accompagner le visage de l'homme qui en sera coiffé; la seconde représente une tête de *tapir* (espèce de sanglier), à laquelle on a ajouté une crinière de filaments soyeux de *tucum* (espèce de cocotier); la troisième un *tatou* (petit fourmillier), parfaitement figuré et posé sur une coiffure très-compliquée de détails coloriés; la quatrième représente un masque humain, ailé et coiffé en plumes; la cinquième un casque surmonté d'un poisson; la sixième une tête de singe; la septième un visage humain entouré de deux nageoires : ces deux derniers sont des casques.

Ces coiffures, d'un très-grand relief, sont aussi légères que solides, car elles consistent en un tissu de coton assez épais, fortement gommé des deux côtés, et peint ensuite, ce qui lui donne la consistance d'un corps dur et sonore. Les différentes teintes employées dans leur coloris sont le blanc, le jaune clair, le rouge, le brun et le noir.

Elles font toutes partie de la collection du muséum impérial d'histoire naturelle de *Rio-Janeiro*, où je les ai dessinées; on les attribue aux sauvages du *Parà*, et effectivement elles portent le même caractère que celles vues par MM. Spix et Martius chez les sauvages *Tacunas*.

N° 2.—J'ai pensé qu'il serait agréable de voir ici une scène complète de cette espèce de *divertissement sauvage*, pour se faire une idée précise de l'emploi de ces masques en pareilles occasions.

La femme qui précède ce grotesque cortége est une musicienne, soutenant de la main droite son instrument, qui se compose d'une écaille de tortue, sur laquelle elle frappe avec un bâton qu'elle tient de l'autre main.

Planche 28.

Têtes de différentes castes de Sauvages.

Jaloux de simplifier cet ouvrage, j'ai rassemblé sur une même feuille plusieurs têtes de sauvages de différentes nations, afin de rendre la collection plus générale et plus complète.

N° 1.—*Iouri*, sauvage belliqueux. N° 2.—*Maxuruna* (*Machourouna*). N° 3.—*Iouripassé*. N° 4.—*Mura* (*Moura*). N° 5.—*Bororeno*, d'une méchanceté redoutable. N° 6.—*Iouma*. N° 7.—*Coroado*. N° 8.—*Botocoudo*. N° 9.—Femme *puris*, dont le caractère niais est une dégénération partielle de sa race primitive.

Le N° 10 est une tête de *Botocoudo*, momifiée par les *Pataxos* et trouvée chez eux.

Le N° 11, une tête de *Puris* également momifiée, et trouvée chez les *Coroados*.

Ces deux têtes, semblables à mille autres que l'on trouve amoncelées dans les *hameaux indiens*, provoquent des détails relatifs à leur conservation : ce sont des trophées militaires qui attestent le nombre des prisonniers de guerre, mais aussi la férocité de leurs vainqueurs.

Chaque prisonnier de guerre est donc destiné à être mangé, et procure un jour de fête à ses ennemis, devenus cannibales par l'abus de la victoire. Le moment choisi, la victime est attachée à un poteau pour y être tuée d'un coup de flèche ou de casse-tête; dès qu'elle a cessé de vivre, on en coupe toutes les parties charnues pendant qu'on allume le feu qui doit servir à les rôtir (*). Toute la population affamée se rassemble, et le festin commence avec les démonstrations les plus turbulentes d'une atroce gaîté.

La tête coupée, restée intacte, est suspendue de suite au poteau avec des cordes introduites par le trou des oreilles, et repassant par l'ouverture de sa bouche; le tout est arrangé de manière à lui faire exécuter, quoique artificiellement, un mouvement d'approbation qui se réitère à volonté pendant que toute la bande joyeuse danse autour d'elle, en lui tirant des flèches et l'insultant lâchement et sans pitié!

La fête ainsi terminée, le vainqueur de la victime use du droit de s'emparer de cette tête encore sanglante, pour la conserver comme sa propriété. Il s'occupe donc d'abord d'en extraire les yeux et la cervelle, assez adroitement pour ne mutiler ni le crâne ni la peau : après cette première opération, il introduit dans l'intérieur quelque substance corrosive, et la fait bien sécher au soleil; ensuite, pour remplacer les yeux et figurer les paupières fermées, il réunit deux petites bandes blanches (fragments de coquilles taillées) qu'il fixe au centre d'une grosse boule de résine destinée à remplir la cavité de l'orbite de l'œil enlevé. Enfin, il ajoute à ces apprêts une forte corde faite de coton tressé, dont il fixe les extrémités dans l'ouverture de la bouche desséchée et remplie également de résine, ce qui forme un anneau allongé dont il se servira un jour avec orgueil, pour suspendre cette tête à sa ceinture pendant les réjouissances guerrières.

(*) Quelques hordes de *Botocoudos*, plus civilisées cependant, prétendent qu'elles coupent seulement la tête de leurs prisonniers de guerre, et qu'elles abandonnent les corps aux bêtes sauvages carnassières.

PLANCHE 29.

Coiffures en plumes, et suite de Têtes de Sauvages.

Ces ingénieuses coiffures, dont la forme est noble et la combinaison des détails variée avec goût, décèlent le luxe des *sauvages américains* qui habitent le *Maranhão* et les bords de la rivière des Amazones : la suite de têtes séparées qui les accompagne se compose de différentes physionomies caractéristiques de ces mêmes peuples. Les numéros 4, 6, 7 et 9 ont été vus par MM. Spix et Martius.

N° 1.—La coiffure *numéro 1* rappelle tout-à-fait la forme d'un casque antique, dont la mentonnière, garnie à sa partie inférieure de plumes noires, prête ingénieusement, par ses couleurs, une barbe postiche au guerrier qui la porte.

N° 2.—Les deux grandes ailes qui surmontent majestueusement cette très-belle coiffure, lui donnent le cachet de celle des anciens héros saxons.

N° 3.—Celle-ci, plus modeste par sa simplicité, ne participe pas moins du caractère ossianique.

Têtes.

N° 4.—Un *Miranha*, singulier par la mutilation de sa tête. L'ouverture de ses narines, extrêmement dilatées et de plus aplaties d'une manière extraordinaire, lui forme une espèce de paires de lunettes qu'on peut appeler olfactoires.

N° 5.—*Coroado* de la province de *Goyas*.

N° 6.—*Mundrucù* (*Mondroucou*), belliqueux, se reconnaît au grand nombre de lignes qui couvrent toute la superficie de son individu.

N° 7.—*Arara*, nom emprunté au grand perroquet; il est remarquable par le tour de sa bouche teint en noir bleuâtre, et ses moustaches factices passées dans le cartilage de la cloison du nez : elles se composent d'un petit tube végétal rempli de poils assez longs et fort durs.

N° 8.—*Boronò*. Ce sauvage, vivant sur une terre aurifère, ramasse quelques paillettes de ce précieux métal dont il aplatit la surface pour se faire les bijoux qu'il suspend à sa lèvre inférieure et à ses oreilles. Son collier est composé de pièces de monnaie de différentes espèces, dont il ne prise la valeur que comme ornements.

N° 9.—*Yupuà* (*Youpoua*). La disposition de sa chevelure tient du style chinois; la raie dessinée au-dessus des sourcils est rouge; le petit ornement qu'il porte au-dessous de la lèvre inférieure est un petit morceau de roseau mince introduit dans l'épaisseur de la peau, et peint aussi en rouge à son extrémité apparente.

Le collier est composé de graines, et de dents de bêtes carnassières.

PLANCHE 3o.

Inscription gravée par les Sauvages

SUR UN ROCHER DA SERRA DO ANASTABIA.

N° 1. — Nul doute que les sauvages *tupiques*, possédant une langue dont les ingénieuses combinaisons peuvent rendre jusqu'aux plus petits détails de leur pensée, n'aient naturellement cherché à en reproduire l'expression, d'une manière intelligible et durable, par des signes ou des figures hiéroglyphiques.

Ce sera donc avec l'intelligence de ces combinaisons que nous essaierons aujourd'hui de traduire le sens de l'inscription dessinée ici, pour nous convaincre de la vérité de l'interprétation accréditée dans le pays.

On suppose qu'elle renferme la description d'une bataille qui aurait commencé la nuit ou au clair de la lune (*), *tarou te-tou* (soleil de la nuit). Cet astre est figuré par un soleil rayonnant placé au-dessus de deux étoiles; ensuite la masse carrée, formée par la réunion de beaucoup de petits points, devrait représenter une grande réunion de guerriers combattant ou une grande mêlée; les autres lignes (**) qui suivent rendraient compte du nombre des prisonniers faits à la suite de l'action; ce qui mène jusqu'au jour, indiqué par un soleil placé au-dessus de plusieurs gros points, qui figureraient une réunion de chefs ou conseil de guerre, réunion que nous avons citée dans leurs usages; suit encore l'indication du nombre des prisonniers qui précède un grand combat donné vers le milieu de la journée, à la suite duquel se trouve tracée la dernière réunion des chefs ou capitulation; la journée guerrière se termine par l'énumération des derniers prisonniers faits pendant cette guerre qui, en résumé, a duré une nuit et un jour, ce qui coïncide parfaitement avec leur tactique militaire.

Je suis donc très-porté à croire que cette tradition est une des plus probables de toutes celles accréditées au Brésil.

N° 2. — J'ai dessiné la situation pittoresque de ce rocher, que je considère comme l'emplacement du champ de bataille, sur lequel les sauvages ont érigé ce monument authentique, au souvenir d'une victoire assez glorieuse pour être transmise à leurs descendants.

SCULPTURES EN CREUX EXÉCUTÉES PAR LES SAUVAGES.

N° 3. — La proportion du dessin ne me permettant pas de retracer la réunion pittoresque des deux parties de rocher sur lesquelles ces sculptures sont exécutées en creux, j'ai choisi uniquement la partie verticale pour donner les détails plus grands et plus intelligibles; l'autre, horizontale, et sur laquelle on marche, fait partie du même bloc, et se trouve située tout au pied du fragment représenté ici : les sculptures qui s'y trouvent sont absolument semblables, pour le caractère, à celles que je reproduis.

Ce monument, témoignage de la propension innée *des indigènes* pour la culture des beaux-arts, est situé à peu de distance des bords du *Rio Yapurà* dans la province du *Parà*,

(*) Voir la fin du texte placé au commencement de ce volume.

(**) Le guerrier *botocoudo* qui a ramené des prisonniers de guerre, en indique le nombre par des entailles qu'il se fait sur les bras ou sur les cuisses, afin d'en propager le souvenir par ces cicatrices.

habitée par les *sauvages* dont on admire, en effet, les parures en plumes d'une perfection achevée.

Et qui ne reconnaîtrait pas l'œuvre d'une intelligence bien fine, quoique toute barbare, dans le tracé de plusieurs figures humaines, variées d'attitudes, et dans la configuration de quelques têtes, composées de détails insignifiants par eux-mêmes, il est vrai, mais qui rappellent cependant, par des lignes parallèles, l'ensemble d'un visage tatoué et autres figures couronnées de plumes disposées en rayons? des enroulements irréguliers, sans contredit, dans leurs détails, expriment la volonté du parallélisme répété dans les ornements arabesques. Mille autres bizarreries, enfin, imaginées par un cerveau capable de rendre une inspiration par une traduction linéaire sans le secours d'une servile imitation, ne sont-elles pas le cachet du génie pittoresque?

La planche 27ᵉ donne l'exemple d'une imitation en relief qui vient à l'appui de l'assertion que j'avance en faveur du génie de ces *artistes sauvages*.

Planche 31.

Différents Végétaux utilisés pour les colliers, le tatouage et la nourriture.

GRAINES EMPLOYÉES EN BRACELETS ET COLLIERS.

N° 1. — Arbrisseau portant à l'extrémité des branches trois gousses réunies, ayant chacune cinq pouces environ de longueur ; elles renferment de petites graines moitié blanches et moitié noires, très-luisantes, avec lesquelles les sauvages composent des bracelets à trois ou quatre rangs.

N° 2. — Mimose, arbre dont les gousses portent plus d'un pied de longueur ; leurs graines, faites en cœur aplati, sont d'un rouge éclatant, et s'emploient plus particulièrement pour faire des colliers.

N° 3. — Dolic, plante grimpante, légumineuse, à fleurs violettes, produisant un pois de plus d'un pouce de diamètre, auquel les sauvages attribuent assez de propriétés salutaires ; ils se le suspendent parfois, seul, au cou comme un amulette.

FRUITS DONT LE SUC SERT AU TATOUAGE.

N° 1. — Le Génipayer, arbre qui donne un fruit de la proportion d'une très-grosse grenade, et dont le suc a l'acide de la couperose ; les Indiens s'en servent pour se tatouer en noir ; la première couche donnée avec cette liqueur produit une teinte noire bleue un peu faible, et la seconde un bleu très-foncé, noirâtre même, et que la peau conserve pendant huit à quinze jours.

De plus ; dans l'état de maturité, la chair de ce fruit a une puissance tonique , et s'emploie avec succès comme cataplasme pour guérir les efforts, descentes, etc. Les sauvages en ont indiqué la propriété aux blancs ; j'en ai vu les heureux résultats à Rio-Janeiro.

N° 2. — Fruit mûr ouvert.

N° 3. — Le Rocouyer porte un fruit dont les sauvages se servent aussi pour se tatouer ; ils en obtiennent une couleur liquide d'un rouge jaunâtre assez éclatant, en comprimant la membrane rouge qui enveloppe les noyaux du rocou.

Pour la conserver comme provision, ils composent avec cette membrane colorée une espèce de pâte, et la font sécher en forme de tablettes afin de pouvoir s'en servir à volonté, comme nous employons les bâtons d'encre de Chine.

N° 4. — Fruits mûrs ouverts.

PLANTES NUTRITIVES.

N° 1. — *Inhamè* (igname). Cette plante vient généralement dans les lieux sombres et humides, ou le long des rivières; ses feuilles, dont la hauteur surpasse parfois deux pieds, servent de nourriture aux sauvages; elles sont substantielles et, cuites, ont à peu près le goût de l'épinard d'Europe; aussi se vendent-elles à Rio-Janeiro pour remplacer ce légume.

Les Indiens mangent sa racine farineuse, ou cuite dans l'eau, ou rôtie sur des charbons.

N° 2. — Le Cipò, nommé par les indigènes *Carà de Matto*, et dont la tige déliée grimpe le long des arbres, se distingue par ses petites feuilles d'un vert tendre à revers violet pourpré; sa racine informe, quelquefois de dix pouces de grosseur, a la consistance de la pomme de terre, et les sauvages la mangent bouillie ou rôtie.

N° 3. — Aipi (*Mandioca mança*). Arbrisseau dont les sauvages mangent indifféremment la racine crue, cuite à l'eau, ou rôtie sur des charbons ardents; quoique très-farineuse, elle a des filaments comme le panais. C'est un comestible commun à toute la population brésilienne. Il s'ajoute aux légumes qui entrent dans la composition du bouillon gras, et se sert sur la table pour manger avec le bouilli en guise de pain. Dans les marchés de Rio-Janeiro, on voit journellement vendre cette racine cuite à l'eau ou rôtie.

PLANCHE 32.

Le Calebassier.

N° 1. — Le Calebassier (*Cabaceiro*), arbre d'un port singulier, dont le fruit croît isolément sur le tronc ainsi que sur la partie nue de ses branches, est recherché des sauvages à cause de ce même fruit qui, scié en deux, leur fournit naturellement deux tasses formées de son écorce, aussi dure que légère. Ces vases, nommés *couias*, sont connus de tous les Indiens, qui s'en servent pour boire leurs liqueurs spiritueuses pendant les jours de fête; aussi s'appliquent-ils à les embellir, soit de dessins en blanc tracés avec une pointe sur un fond coloré, soit d'ornements d'un effet plus compliqué dont les détails sont nuancés de différentes couleurs.

Pour faire les fonds noirs, ils enduisent de résine la place qu'ils veulent teindre, et la frottent avec un charbon espèce de fusain, mais encore chaud; pour obtenir le dernier poli, ils repassent fortement sur leur ouvrage avec une spatule lisse de bois fort dur, ce qui lui donne un luisant inaltérable.

N° 2. — Fruit mûr entier.

N° 3. — Tasse faite avec la moitié de l'écorce du fruit.

N° 4. — Vase de luxe, espèce de panier qui se donne dans les échanges; ses couleurs variées sont dues à des terres blanches, jaune-clair et rouge-brun, très-solidement fixées par des résines.

Le Bananier.

N° 1. — Le Bananier (*Musa*), plante bulbeuse à feuilles énormes. Cette singulière espèce d'arbre fruitier d'une prompte production, dont la hauteur générale est de dix ou quinze pieds, est cultivée par les sauvages industrieux qui apprennent à savourer naturellement de ses fruits nombreux; et toujours elle-même après sa mort, à peine a-t-il rapporté qu'il est remplacé par les six ou sept rejets qui naissent progressivement de sa racine.

N° 2. — Groupe de fruits mûrs.

N° 3. — Partie intérieure du fruit, bonne à manger ainsi dégagée de sa peau.

N° 4. — Même partie coupée transversalement.

Planche 33.

Sceptres et Vêtements des chefs sauvages.

N° 1. — Sceptres : l'un est un coco orné de dessins coloriés, en usage chez les *Coroados ;* l'autre est fait avec les grandes plumes bleues ou rouges de la queue de l'*arara ;* il est commun aux *Coroados* et aux *Mundrucus* (*Parà*).

N° 1*. — Grand sceptre de bois assez élastique; il peut servir de lance, et est enrichi de plumes et de dessins tracés à la pointe. A sa sommité se trouve une petite partie évidée formant un corps sonore, dans laquelle sont renfermés quelques petits cailloux. Pour provoquer leur vibration, le chef qui le porte le saisit de la main gauche vers le milieu de sa longueur générale, et le tenant perpendiculairement, le frappe avec la paume de la main droite à la partie inférieure; le son qu'il en tire dure pendant huit ou dix secondes, au bout desquelles il redonne un autre coup, et ainsi de suite pour obtenir un bruit continu. Nous avons vu cette sorte de sceptre chez les *Camacans Mongoyos*.

N° 2. — Colliers en plumes déposés au Muséum.

N° 3. — Ce manteau, composé de l'assemblage de douze bandes recouvertes de plumes, est en usage chez les *Mundrucus* (*Mondroucous*).

N° 4. — Cet autre manteau est un tissu de coton de la même contexture qu'un filet, sur lequel sont attachées avec art et solidité des plumes jaunes et rouges. Ce chef-d'œuvre, déposé au Muséum, est attribué aux sauvages habitant la province du *Parà*.

N° 5. — Cette bande de plumes rouges, qui se quadruple et se porte en sautoir, est un ornement d'un chef de *Coroados*.

N° 6. — Suite d'ornements en plumes, jarretières variées de *Coroados*.

Instruments de Musique.

N° 1. — Trompette militaire qui sert spécialement au chef pour donner le signal du combat, et animer le courage des guerriers pendant toute la durée de l'action. Entièrement faite de bois, elle donne un assez beau son, mais très-grave; son embouchure est facile et peu fatigante, il suffit d'y faire vibrer les lèvres en soufflant. Cet instrument appartient aux *Coroados*.

N° 2. — Instrument de musique des *Camacans Mongoyos*, qu'ils nomment *herenchedioca ;* il se compose d'un ou deux paquets de cordons de coton au bout desquels sont enfilés des sabots de *tapirs*. On le tient d'une main, et en l'agitant par secousses on en tire un son assez plein, à l'aide duquel on marque la mesure qui règle le pas des danses.

N° 3. — Instrument militaire, double flûte faite de deux tibias d'homme ou de daim, qui se porte suspendu au cou. Son mécanisme est celui du sifflet; seulement, les trous pratiqués à l'extérieur, près de l'embouchure, sont revêtus de cire pour en modifier convenablement l'ouverture. Le son que l'on en tire est assez aigu.

N° 4. — Le *keklick* est une calebasse enfilée à un manche, et dans laquelle on a introduit quelques petits cailloux qui, par leur agitation, produisent un son plus aigu que les sabots de *tapirs*. Il sert aux *Camacans Mongoyos* pour régler leurs pas lorsqu'ils dansent. Il est tout-à-fait semblable au *maracas*, idole domestique des *Tupinambos*, porté par leurs prêtres ou devins (*piayes*).

N° 5. — Espèces de flûtes de Pan, plus ou moins compliquées, faites de petits bambous ou de roseaux.

N° 6. — Instrument de danse fait avec de petits cocos, produisant moins d'effet, mais un son plus éclatant que l'instrument n° 2 employé au même usage.

N° 7. — Le sabot de *tapir* et l'écorce ligneuse d'un petit fruit, qui produit un son assez aigu.

PLANCHE 34.

Poterie fabriquée par les Sauvages.

Les Brésiliens *indigènes* ne connaissent pas l'usage du tour, si favorable à la fabrication des poteries de terre. Ce travail est presque le partage exclusif des *femmes*, travail d'autant plus difficile pour elles, qu'au village de *Saint-Laurenz*, par exemple, je n'ai vu fabriquer toutes sortes de vases arrondis qu'à l'aide d'une petite coquille que les *femmes* humectent même de leur salive.

N° 1.—Vase de terre cuite nommé *canucis* par les *Coroados* et *talha* (mot portugais) par les *Cabocles* de Saint-Laurenz. Les plus grands de ces vases ont deux pieds et demi de haut, et les autres sont plus petits de moitié. Ils servent généralement à contenir la provision d'eau.

N° 2.—Coco traversé par un morceau de bois qui en fait le manche. Cet ustensile sert à puiser de l'eau dans le grand vase.

N° 3.—Bille ronde de terre noirâtre fabriquée par les *sauvages civilisés* de la province de *Minas*. Cette bouteille, faite pour contenir de l'eau, a communément six à sept pouces de diamètre.

Les sauvages emploient en général un procédé très-simple pour cuire leur poterie : après avoir creusé une fosse capable de contenir le plus grand vase posé sur son assiette, ils remplissent cette fosse de branches qu'ils font brûler pour l'échauffer; lorsqu'il ne reste plus que des charbons ardents, ils déposent dans le foyer les pièces de poterie, en les recouvrant de nouvelles branches qu'ils embrasent également. Lorsque ces combustibles sont consumés, ils laissent refroidir les poteries, qui se trouvent alors suffisamment cuites.

Vannerie.

N° 1.—Espèce de hotte des sauvages *Puris*, faite uniquement avec des feuilles de palmier.

N° 2.—Autre hotte des *Coroados*, faite avec des feuilles de roseaux et des tiges fendues du *taquara poqua* (petit bambou).

N° 3.—Panier fabriqué par les *Goyanas*, et servant au même usage. Il est fait avec des tiges fendues de *taquara poqua* et des racines de *cipò imbè*.

Ces hottes, d'un pied et demi environ de hauteur, se portent sur le dos; elles servent toutes à transporter des fardeaux, et les courroies qui y sont attachées viennent ceindre le front du porteur. Les femmes y mettent leurs enfants en bas âge pour les porter plus facilement dans les longues marches.

N° 4.—Panier fermé par son couvercle; il est fait de feuilles de palmier et de tiges de petit *taquara*.

N° 5.—Corbeille faite aussi de feuilles de palmier tressées.

Armes offensives.

N° 1.—La massue ou casse-tête change de nom selon la caste sauvage qui la porte; tantôt elle se nomme *catapa* ou *catalpè*, et tantôt encore *patù patù (patou patou)*, etc. Considérée comme arme d'honneur, elle se distingue par ses ornements en plumes vertes, rouges et jaunes. Elle est constamment faite d'un bois dur et lourd; sa dimension moyenne est de deux pieds de longueur.

N° 2.—Sarbacane, en usage chez les sauvages *Puris* et *Coroados*, habitant particulièrement la province du *Maranhâo;* cette arme, toujours très-légère, est faite, soit d'un chaume, graminée colossale(*), soit de trois morceaux de bois fortement assemblés et légèrement évidés dans toute leur longueur interne; l'extérieur bien arrondi est peint, et presque toujours enjolivé d'ornements blancs tracés avec une pointe.

N° 3.—Carquois, garnis de leurs petites flèches, auxquels on suspend toujours la petite coloquinte remplie d'une provision de coton; auprès d'elle le petit vase de bois qui renferme le poison, composition soporifique gommeuse, espèce de gélatine très-ferme dont ils se servent en mouillant le bout du doigt avec leur salive pour en humecter une petite partie; le poison devenu ainsi plus liquide, ils en enduisent la pointe qu'ils veulent envenimer. Cette substance somnifère que l'on peut goûter sans danger, n'agit que sur le sang dans les blessures, et même, en arrachant de suite la flèche de la plaie, les symptômes d'engourdissement qu'elle avait causés cessent totalement au bout de quelques minutes.

N° 4. —Cette espèce de flèche, longue d'environ six pouces, n'est qu'une des nombreuses épines qui hérissent le tronc du cocotier *aïri*. Le coton dont elle est entourée sert à remplir le vide de la circonférence intérieure du tube, afin de comprimer l'air et de donner plus d'action au souffle du chasseur qui la lance.

N° 5. — La rame d'honneur, enrichie d'ornements comme celle-ci, est le sceptre maritime d'un chef de sauvages navigateurs. Lorsque ce personnage marquant s'embarque, il reste assis immobile dans son canot, appuyé sur cet instrument de luxe, inutile dans sa main ; car il use du droit exclusif de commander à ses rameurs sans partager leurs fatigues.

(*) Les *yameos* sur les bords de l'Amazone.

Planche 35.

Végétaux en usage pour faire des liens.

N° 1.—L'*Imbira de Mata* (l'imbire des bois), espèce de coulequin (*Cecropia Imbaiba*), est divisée en deux espèces, l'une arbrisseau, l'autre très-grand arbre; son écorce fibreuse et élastique est imprégnée d'une liqueur gommeuse qui rend facile sa séparation de l'arbre qu'elle couvre. Les sauvages préfèrent l'écorce du plus grand de ces végétaux, et pour s'en procurer, ils commencent par faire une incision de quatre pouces de large à la partie inférieure de l'arbre; ils y introduisent les doigts, et saisissant ensuite cette partie avec les deux mains, ils la tirent avec force, et obtiennent ainsi sur-le-champ un ruban de toute la hauteur du tronc jusqu'aux premiers embranchements; maîtres de cette longue bande, ils l'aplatissent en la frappant fortement avec un corps dur, afin d'en détacher les filaments unis par la sève : séchés au soleil, ces excellents fils leur servent à fabriquer les cordes de leurs arcs.

N° 2.—Le *Cipò imbè* (aroïde parasite), plante grimpante qui s'élance à une hauteur extraordinaire, et enveloppe le tronc des arbres sur lesquels elle prend naissance; les marques de ses anciennes feuilles, dont chacune en tombant laisse l'empreinte d'une losange, dessinent symétriquement sa tige tortueuse, de manière à lui donner de loin l'apparence d'un serpent. Mais on la reconnaît aux immenses fibres radicales qui descendent perpendiculairement de sa partie inférieure. Les indigènes font de l'écorce tout à la fois brune, violâtre et luisante de ces racines grêles, le lien qui sert à fixer les plumes et les pointes rapportées de leurs flèches.

N° 3.—Le *Sapoucaya* ou *Quatelé,* que les indigènes nomment *Pao d'estopa* (bois d'étoupe), est un arbre que distinguent sa proportion gigantesque, son petit feuillage dont les jeunes pousses sont roses, la forme singulière de ses grandes fleurs lilas et son fruit pendant nommé *hà*, que l'on ne peut comparer qu'à une petite marmite munie de son couvercle. Vêtu d'un bois dur et épais, ce fruit renferme d'excellentes amandes très-recherchées par les grands singes et les perroquets *araras;* les sauvages s'en nourrissent aussi, mais de plus, ils utilisent le réseau filamenteux qui se trouve sous la première écorce de cet arbre, en l'arrachant avec un racloir pour en faire une espèce d'étoupe qui, généralement, s'emploie au Brésil pour calfater les embarcations, tandis que les *Botocoudos* en forment les matelas de leurs lits.

N° 4.—Le cotonnier est un arbre dont la stature capricieuse est gigantesque dans la province du *Maranhão*, et presque naine dans les environs de *Rio-Janeiro*.

N° 5.—Fragment d'une branche portant sa fleur et son bouton.

N° 6.—Autre fragment de branche avec le bouton de graine, ce même bouton dans son extrême maturité laissant voir les semences enveloppées de leur coton prêtes à tomber. Tous les sauvages industrieux cultivent sa graine précieuse, dont l'enveloppe leur fournit des fils qu'ils utilisent de mille manières, et que les *Camacans*, les *Guaycourous*, les *Gouoranis*, les *Puris* et tous ceux de la province de *Pernambouc* emploient avec une rare perfection.

Planche 36.

Armes offensives.

Arc.

L'arc du sauvage brésilien, toujours fait d'un bois dur et par conséquent difficile à travailler à cause de l'imperfection des outils qui servent à sa fabrication, doit, à cette difficulté même, l'attachement de son propriétaire, qui ne l'échange qu'à regret.

Les bois employés à cet usage sont le *brauna*, léger et liant (par les *Camacans*); le palmier cocotier *aïri*, dur, compacte et pesant; le *tapicurù* (*tapicourou*); le *pao d'arco* (bois d'arc); *bignonia* à fleurs jaunes, tous deux aussi très-pesants.

L'arc pour la pêche se fait de la côte ligneuse des feuilles du cocotier palmite (*issarà*). La dimension générale des arcs est de six pieds et demi; celui des *Patachos* est de huit pieds et demi, même plus; l'arc employé pour la pêche est de trois pieds à trois pieds et demi.

N° 1. — L'arc nommé *bodoquè* est spécialement destiné à lancer des cailloux ou des balles de terre cuites ou séchées.

Les cordes de ces armes sont faites de trois brins de coton tors ensemble; frottées, de plus, avec la feuille du manglier, elles deviennent brunes et luisantes : préparation qui augmente leur solidité.

Les plus minces se fabriquent avec les filaments soyeux du *tucum* (cocotier); les autres, un peu plus grosses, avec ceux de la plante nommée *gavata* (*bromelia*). Ces dernières se frottent avec l'écorce fraîche de *aruaïa* (*schisnus molle*), dont le suc résineux les enduit d'un noir brillant et verni qui les garantit de l'humidité.

Flèches.

N° 2, 3, 4. — Il y a trois sortes de flèches; premièrement, la flèche de guerre à pointe de bambou entée; la seconde, pour le même usage et pour la chasse des gros animaux, est également à pointe entée, mais dentelée et faite d'un bois dur; elle sert spécialement à la destruction des serpents, qui ont la faculté de faire sortir une pointe lisse de la blessure, en comprimant leurs anneaux; la troisième, employée contre les plus petits animaux, a la pointe terminée par un petit méplat dont le coup ne fait qu'une très-forte contusion. Il y a cependant une quatrième espèce de flèche beaucoup plus petite que les trois autres; elle est en usage pour la pêche, et est armée d'une pointe lisse.

Le sauvage enduit d'abord de cire le bois ou le bambou de sa flèche, puis il le passe au feu; opération qu'il répète plusieurs fois avant de le tailler pour le faire durcir.

D'autres indigènes, assez civilisés pour travailler le fer, l'emploient à armer leurs flèches de pointes meurtrières.

La longueur générale des flèches est de six pieds à six pieds et demi. Celles des *Patachos* seuls vont jusqu'à huit, et celles employées pour la pêche n'ont guère que trois pieds.

Quant aux plumes dont ils les empennent, ce sont généralement celles de tout le corps de l'*arara* rouge, du *jacutinga* (*penelope leucoptera*), du *jacupemba* (*pénélope marail*), et seulement les plumes de la queue du *mutum* (*crax alector*).

N° 5, 6. — Les peuples sauvages du *Maranhão* se distinguent par une arme de plus, c'est la lance terminée par une pointe de bois dur; les tribus du *Rio-Napo* les arment d'une pointe de gros bambou (*taquara assù*) : les plus longues sont celles des cavaliers.

Pour le fusil, notre arme européenne, il n'est employé avec succès que par les *Cabocles*, *Kamacans-Mongoyos* et les *Macharalis* civilisés du *Rio do Prado*.

TABLE

DES PLANCHES DU PREMIER VOLUME.

Plus une carte de l'Amérique, qui se donnera à la fin de l'ouvrage entier composé de trois volumes, indiquera les points sur lesquels habitent les diverses nations sauvages précitées.